中国传统民居系列图册

苏州民居

徐民苏　詹永伟　梁支厦
任华堃　邵　庆　编

中国建筑工业出版社

总 序

20世纪80年代,《中国传统民居系列图册》丛书出版,它包含了部分省(区)市的乡镇传统民居现存实物调查研究资料,其中文笔描述简炼,照片真实优美,作为初期民居资料丛书出版至今已有三十年了。

回顾当年,正是我国十一届三中全会之后,全国人民意气奋发,斗志昂扬,正掀起社会主义建设高潮。建筑界适应时代潮流,学赶先进,发扬优秀传统,努力创新。出版社正当其时,在全国进行调研传统民居时际,抓紧劳动人民在历史上所创造的优秀民居建筑资料,准备在全国各省(区)市组织出书,但因民居建筑属传统文化范围,当时在全国并不普及,只能在建筑科技教学人员进行调查资料较多的省市地区先行出版,如《浙江民居》、《吉林民居》、《云南民居》、《福建民居》、《窑洞民居》、《广东民居》、《苏州民居》、《上海里弄民居》、《陕西民居》、《新疆民居》等。

民居建筑是我国先民劳动创造最先的建筑类型,历数千年的实践和智慧,与天地斗,与环境斗,从而创造出既实用又经济美观的各族人民所喜爱的传统民居建筑。由于实物资料是各地劳动人民所亲自创造的民居建筑,如各种不同的类型和组合,式样众多,结构简洁,构造合理,形象朴实而丰富。所调查的资料,无论整体和局部,都非常翔实、丰富。插图绘制清晰,照片黑白分明而简朴精美。出版时,由于数量不多,有些省市难于买到。

《中国传统民居系列图册》出版后,引起了建筑界、教育界、学术界的注意和重视。在学校,过去中国古代建筑史教材中,内容偏向于宫殿、坛庙、陵寝、苑囿,现在增加了劳动人民创造的民居建筑内容。在学术界,研究建筑的单纯建筑学观念已被打破,调查民居建筑必须与社会、历史、人文学、民族、民俗、考古学、艺术、美学和气象、地理、环境学等学科联系起来,共同进行研究,才能比较全面、深入地理解传统民居的历史、文化、经济和建筑全貌。

其后，传统民居也已从建筑的单体向群体、聚落、村落、街镇、里弄、场所等族群规模更大的范围进行研究。

当前，我国正处于一个伟大的时代，是习近平主席提出的中华民族要实现伟大复兴的中国梦时代。我国社会主义政治、经济、文化建设正在全面发展和提高。建筑事业在总目标下要创造出有国家、民族特色的社会主义新建筑，以满足各族人民的需求。

优秀的建筑是时代的产物，是一个国家、民族在该时代社会、政治、经济、文化的反映。建筑创作表现有国家、民族的特色，这是国家、民族尊严、独立、自信的象征和表现，也是一个国家、一个民族在政治、经济和文化上成熟、富强的标帜。

优秀的建筑创作要表现时代的、先进的技艺，同时，要传承国家、民族的传统文化精华。在建筑中，中国古建筑蕴藏着优秀的文化精华是举世闻名的，但是，各族人民自己创造的民居建筑，同样也是我国民间建筑中不可忽视和宝贵的文化财富。过去已发现民居建筑的价值，如因地制宜、就地取材、合理布局、组合模数化的经验，结合气候、地貌、山水、绿化等自然条件的创作规律与手法。由于自然、人文、资源等基础条件的差异，形成各地民居组成的风貌和特色的不同，把规律、经验总结下来加以归纳整理，为今天建筑创新提供参考和借鉴。

今天在这大好时际，中国建筑工业出版社出版《中国传统民居系列图册》，实属传承优秀建筑文化的一件有益大事。愿为建筑创新贡献一份心意，也为实现中华民族伟大复兴的中国梦贡献一份力量。

陆元鼎
2017 年 7 月

前　言

"苏州民居"是指苏州市域范围内（包括苏州市、常熟市（县级）、张家港市（县级）、昆山市（县级）、太仓县、吴县、吴江县）自明、清至民国初期建造并保留至今的各类住宅。

苏州地区良好的自然条件、发达的水网体系、悠久的历史、丰富的农业资源、光辉的文化艺术、拔萃的手工艺、繁荣的经济以及几千年的封建制度和宗族制家庭形态对民居都有直接影响。特别是明清以来，这一地区手工业和商业的充分发展，使民居的形态与商业相结合而有了变化，同时也形成了多种很有特色的村镇布局和民居类型。

如今，有些村镇和民居由于时代的发展，很快就要在历史上失去它原有的痕迹，及时整理这些资料就成为非常重要又迫切的任务，特别是发掘这些历史遗产为当今的经济发展和旅游事业服务，更是一个新的课题。

苏州地区特有的地方建材、众多的能工巧匠，在高度文化艺术的影响下，在建筑造型、色彩、细部处理等诸方面，形成了自己独特的建筑艺术风格和高超的空间构图艺术，自成一个体系，是江南民居的重要组成部分，是祖国民居大家庭中的一员，在当今探索建筑地方风格时是重要的构思源泉。

本书从自然条件、社会条件、经济条件、文化艺术、工艺技术条件等各种因素来分析保留至今的城镇布局，以及与此相关的城镇空间和民居形态，希望通过整理这些资料，能对今天的城镇发展、民居建筑形态的研究，有一定的参考作用。本书还写进了与民居有密切关系的民居家具，使我们能概括地了解到明清时期民居中主要房间的室内布置，及各个时期家具的形式与制作构造特点。

本书由徐民苏会同詹永伟、梁支厦、任华堃、邵庆共同编写，乡镇规划方面资料由金龙宝、陶金龙协助收集。由于时间仓促，资料收集的广度、深度都有不足之处，也由于水平所限，对问题分析也难免有缺点和错误，希望读者指正。

目 录

总序

前言

第一章 苏州民居形成的背景 ·· 1
  一、苏州的历史和古城特点 ·· 3
  二、苏州的自然条件 ··· 9
  三、苏州历史上经济与文化发展 ··· 10
  四、苏州的建材与工匠 ·· 11

第二章 苏州民居的分布与村镇布局 ·· 13
  一、苏州城镇民居的分布与布局 ··· 16
  二、苏州村镇布局及特点 ··· 17
  三、苏州古镇剖析 ··· 21
  四、古镇空间分析 ··· 26

第三章 苏州古城民居 ··· 37
  一、城市和民居的空间分析 ·· 39
  二、城市民居的建筑处理 ··· 54

第四章 苏州村镇民居及建筑处理 ·· 65
  一、水网地区乡镇的商业性民居 ··· 67
  二、乡镇的非商业性民居 ··· 70
  三、砖雕围墙及装饰 ·· 78
  四、乡村民居 ·· 78

第五章　苏州民居构造 ······ 81
　一、地基处理 ······ 83
　二、鼓磴 ······ 84
　三、梁架 ······ 86
　四、轩 ······ 96
　五、挑层 ······ 100
　六、屋顶 ······ 102
　七、门 ······ 107
　八、窗 ······ 115
　九、挂落和栏杆 ······ 121
　十、墙 ······ 126
　十一、彩画 ······ 133

第六章　苏州民居家具 ······ 135
　一、苏州民居家具的形成与建筑风格的统一 ······ 137
　二、苏州民居家具的基本种类 ······ 141
　三、苏州民居家具的造型艺术 ······ 158
　四、苏州民居家具的装饰意匠 ······ 165
　五、明清苏州民居家具的基本特点和构造方式 ······ 171

编后语 ······ 176

第一章
苏州民居形成的背景

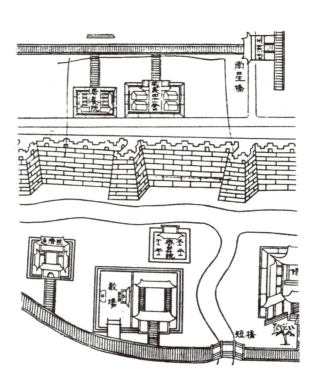

一、苏州的历史和古城特点

苏州位于长江下游（图1-1）。五千多年前长江下游江阴一带尚沉浸在东海之中，夏禹治水之后，江苏东部才逐渐浮出水面而成为陆地。

公元前11世纪、殷末周兴之际，周王长子泰伯、次子仲雍为让位于三弟季历，而南下避居江南，住在梅里（现无锡市），断发文身与当地居民住在一起，逐步传递中原文化，为当地居民"义之"、"敬之"，逐步形成一个部落。泰伯、仲雍成为部落首领，建一弹丸小国，号称"勾吴"，吴泰伯第五世周章时，周武王灭殷正式封吴章于此而始建吴国。

公元前585～公元前561年，吴梦寿时，兼并附近许多小部落，逐步成为东南地区的一个大国。至公元前586年，吴第九代君王诸樊迁都苏州，当时的王城仅仅是一个方圆三里的小城。公元前516年，吴国第十代君王阖闾登基，命宰相伍子胥建方圆四十里，有八个水陆城门的阖闾大城，这就是苏州古城的起始，至今已有二千五百多年的历史。

公元前473年，吴被越所灭，后又归并于楚十六郡，苏州为会稽之首邑，并有了吴县的名字，统领二十六个县。

公元前209年，秦二世元年项羽起兵于此。

图1-1 苏州位置示意图

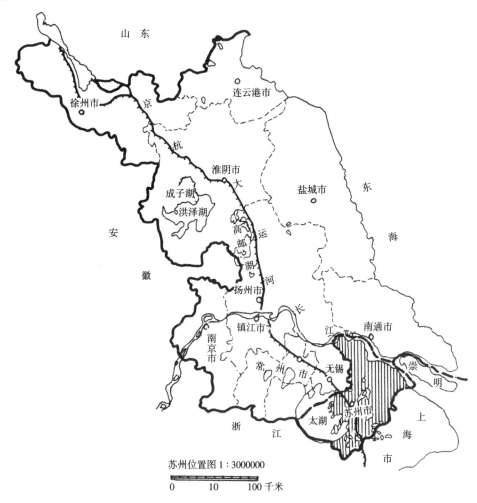

图 1-2
清苏州府九邑全图

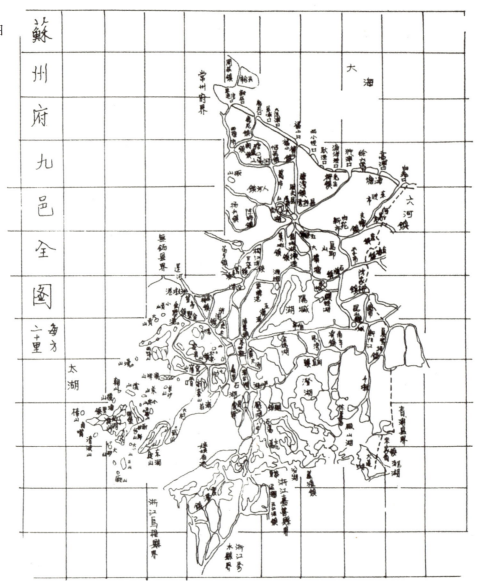

公元前 202 年，汉高祖（刘邦）五年封楚王韩信在会稽，次年改会稽为邢国。

公元 126 年，汉顺帝时设吴郡。

公元 196 年，汉献帝兴安二年，英布杀贾又改邢国为会稽。

公元 222 年，三国时，吴孙权也以此为根据地。

公元 549 年，南朝梁太清三年置吴州。

公元 589 年，隋文帝开皇九年兴兵灭陈，废吴州，改称"苏州"，这是苏州名字的起始。

公元 1113 年，宋钦宗政和三年升苏州为平江府。

公元 1128 年，宋高宗建炎二年，金兀术兵陷苏州，全城遭毁。

公元 1229 年，所刻宋平江图碑，是毁城百年，重建苏州的现状图。

公元 1276 年，元世祖至元十三年改平江府为平江路。

公元 1368 年，明太祖洪武年间，平定江南义军改为苏州，领一州七县。

公元 1720 年，清雍正二年苏州府领九县一厅。见图 1-2，清苏州府九邑全图。

公元 1860 年，太平天国时苏州曾是李秀成治理下的苏福省会。

公元1912年，辛亥革命成功，废苏州府，设吴县，苏州为吴县治所。其间，江苏省政府曾设于此。

公元1949年苏州解放，建立苏州市，也是苏州地区公署、吴县人民政府所在地。

公元1983年地市合并，实行市带县体制。

公元前514年吴王阖闾命伍子胥所建的苏州古城中阊门、胥门、盘门、匠门、娄门、平门、齐门等名字及许多地名沿用至今。苏州古城至汉代已有相当规模，史学家司马迁南游吴楚时赞叹说："吾适楚，观春申君故城，宫室盛矣哉"。

苏州古城是我国奴隶制社会和封建制社会交替时期的王城，在很多地方反映了极权制社会王城建设的特点。所以，两千五百年城址规模未变，主要归功于选址得当。

苏州古城选址在太湖、阳澄湖水系和阳山、清明山、七子山山系两个弧形之间的平原地带上，依山傍水，水陆交通十分方便。风景优美，物产丰富，建城条件十分有利。

自公元531年到苏州解放这段时间，太湖流域苏州地区，平均每十年左右有一次水旱自然灾害，苏州和太湖之间隔着一群小山，这就避免了太湖水害的直接冲击；又由于周围水系与长江相通，又避免这一地区旱灾的威胁。苏州地域如图1-3所示。

从苏州附近城镇布局来看，苏州与无锡、常熟、昆山、平望等城镇等距。这个城市圈的距离正是历史上行船一天的航程，顺风顺水晚出早到，逆风逆水早出晚到。再向外，与嘉定、松江、嘉兴、湖州等重要城镇等距，而这第二个城市圈又是第二天行船的行程。这种由于交通因素形成的城镇圈，正是城市经济活动控制范围的重要标志。而在这个城市圈的中间地带不会再出现经济实力相当的同等级城镇。苏州正是这些城镇圈的中心，是这一地区的最佳位置。

1229年苏州郡守史李寿朋主持期间，由叶德辉、朱锡梁督工刻制了宋平江图碑刻。这是苏州的珍贵文物。从这个碑刻来看，这个古城与古代记载的阖闾大城的大小、

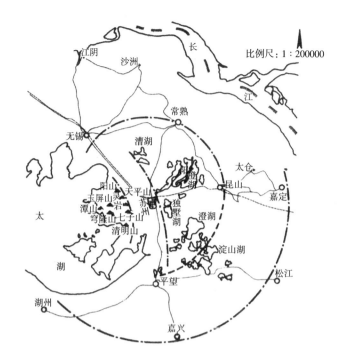

图1-3 苏州市域图

城门名称位置等基本相符。苏州古城是封建制度下的王城，它的规划反映了中国古代集权制王城建设的思想，古城呈长方形，中央有子城，是王族活动的地方，也是行政政治中心。子城南大街两侧有许多衙门和官署，周围还有许多庙宇和庵堂。在每一面城墙内则设有兵营，以利保卫城市，城西侧有贡院、税署，更特别的是在城内南北留了两片农田，称为南园和北园，这在一定程度上创造了粮菜自给，利于固守的条件。

苏州古城其规模及区划严格程度，远不及古都长安和北京，但其基本构思确有许多相同之处，而苏州要比长安、北京早得多，详见图1-4宋平江图及其局部放大。

苏州古城内的交通系统有自己独特的形式。从陆路上讲，东西向道路密而南北向道路稀。东西、南北城门都不相对，是我国古城中鱼骨形路网体系和方格形路网体系的重叠而成的一种扁方格形路网体系。

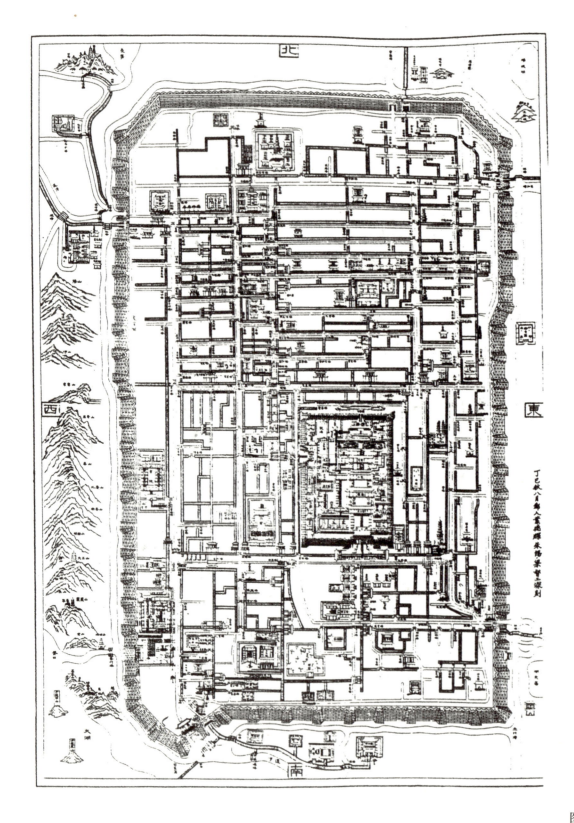

图1-4 宋平江图

长江三角洲发达的水系引入城内,形成了路河平行的双棋盘格局的水陆交通体系。这种交通体系为骨架形成的苏州古城,表现出"绿浪东西南北水,红拦三百九十桥"。"君到姑苏见,人家尽枕河",小桥、流水、人家的特有景观(图 1-4-A ~ 图 1-4-D)。

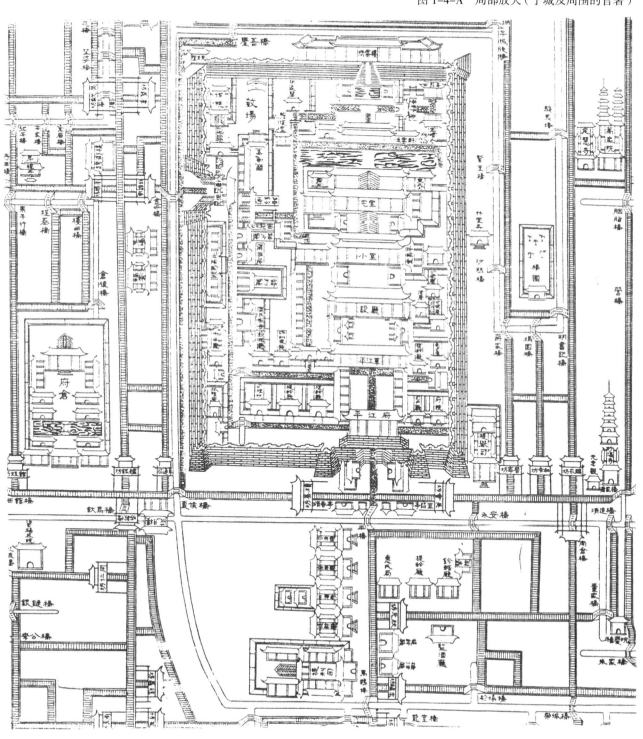

图 1-4-A 局部放大(子城及周围的官署)

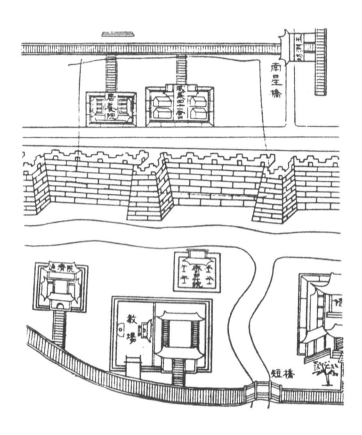

图 1-4-B 局部放大（靠城墙的兵营）

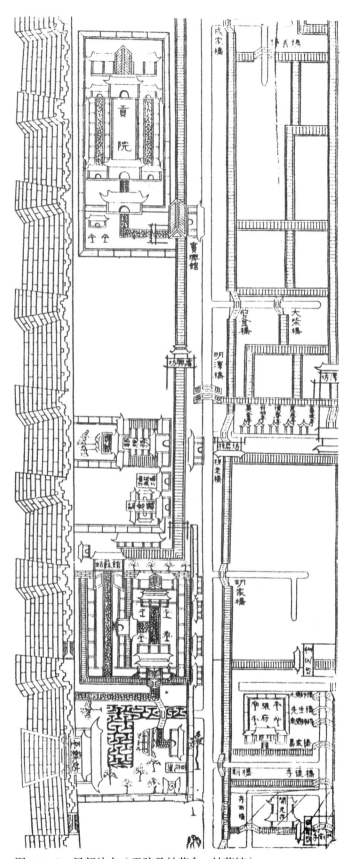

图 1-4-C 局部放大（贡院及姑苏台、姑苏馆）

二、苏州的自然条件

1983年苏州市和地区合并，苏州市行政区划范围包括一个省辖市（苏州市区），三个县级市（常熟市、张家港市、昆山市）和三个县（吴县、吴江县、太仓县）。

在这范围内陆地总面积为8488平方公里，人口530万，平均每平方公里424人，是一个人口高密度地区。

苏州东接上海市，南连浙江省嘉兴并与湖州隔太湖相望，西连无锡市，北濒长江与南通隔江相望。

在苏州西南的太湖东北岸有小山连绵，高度不超过400米。整个地区的水网发达，湖泊众多。长江、大运河、太湖、阳澄湖等著名河湖都在这里，水面占总面积15%。整个地区地面平均高程3.0~6.0米之间（黄海高程），除少量小面积火山基岩及其风化残积岩坡积以外，绝大部分是第四纪沉积的一般性黏土。概括地说是地势平坦、地质情况简单。

整个地区由于有长江、大运河、太湖、阳澄湖等湖、河存在，所以水源丰富、水位落差不大。四十三年平均水位2.76米（吴松高程，以下同），最高年平均水位3.27米，最低年平均水位2.28米，历史最高水位4.37米，历史最低1.89米。随着各项水利设施的完善，这种高差还将减少。

地下在±0.00~-1.00米之间有一良好的浅层含水层，水温20℃。

深层水有三层：-80米、含水5~6米；-120米、含水6~20米；-180米，含水2~6米。

总之，地上地下水源丰富，水质良好。

苏州地区年平均温度15℃，年平均最高温度为17℃，年平均最低14℃，历史最高绝对温度41℃，历史最低绝对温度-9.8℃。

年平均风速3.5米/秒，年平均最大风速4.7米/秒，年平均最小风速2.2米/秒，最大风速17米/秒，最大风力7级。常年最多风向为东南风，其次是西北风。

地区年平均相对湿度80.8%，年平均最大相对湿度85%。年平均最小相对湿度78%，最大绝对湿度43.5毫巴。

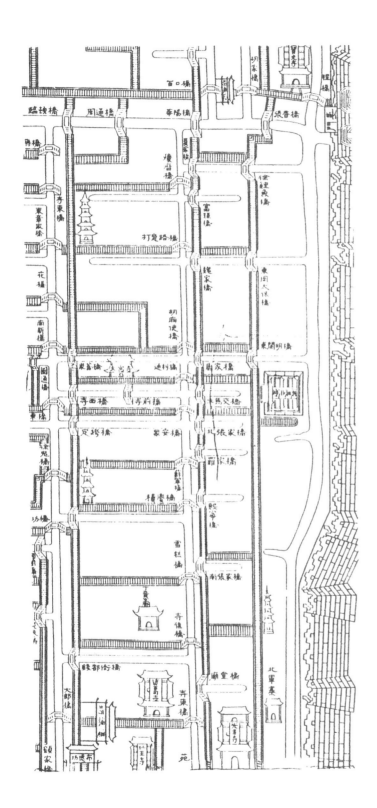

图1-4-D 局部放大（河、路平行的交通系统）

最小绝对湿度1.5毫巴。

年平均降水量1076.2毫米,年最大降水量为1544.7毫米。年最多降水日149天,最大日降水量为484毫米。

年降雪1~3次,最大降雪16厘米。

年无霜期248天,最早初霜11月8日,最迟晚霜4月5日。

年平均蒸发量1255.8毫米,年最大蒸发量1648毫米,年最小蒸发量852毫米。

年日照1983小时,日照45%。

总观上述资料,苏州地区是温和湿润、雨量丰富、无霜期长、日照时间长的亚热带气候。

苏州市域范围内有花岗石、石灰石。个别地方有灰黑色大理石、黄石,石材质量很高。白泥更是全国稀有,黏土到处可见。

三、苏州历史上经济与文化发展

广阔的平原,丰富的水源,肥沃的土地,适宜的气候,良好的自然条件;历史上相对少于中原的战乱;特别是劳动人民勤劳智慧,使苏州地区的经济发展很快。

高田二麦接山青,傍山低田绿未耕。
桃杏满村春似锦,踏歌椎鼓过清明。
昼出耕田夜绩麻,村庄儿女各当家。
童孙未解供耕织,也傍桑阴学种瓜。
新筑场泥镜面平,家家打稻趁霜晴。
笑歌声里轻雷动,一夜连枷响到明。

这是诗人范成大的诗篇,他用赞美的语言写出了劳动人民辛勤劳动的动人景象。人民的勤劳是苏州发展的能动因素,早在南北朝时就有粮食"一郡丰收可供数郡食用"之称,五代时已是京师稻米供应之重要基地,宋时有"苏湖熟、天下足"之谚语。明洪武三十六年(1393年)苏州府秋粮大米实征274万石,占全国秋粮大米实征数的11%。

在粮食发展的同时,副业生产,植桑养蚕,缫丝织绸相当普遍。农副产品的商品化,不断扩大,加速了商品经济的发展。而且,苏州府所属的一州(太仓)七县(吴县、长洲、昆山、常熟、吴江、嘉定、崇明)同时都发展较快。

米市之集的平望,有居民千余家;同里,黎里至今还保持着明代商市的布局和建筑;明嘉靖年间吴江的青草滩,已发展成为盛泽镇。冯梦龙在《醒世恒言》中写道:"镇上居民稠广,土浴淳朴,俱以蚕桑为业,男女勤谨,络纬机杼之声,通宵彻夜,那市上两岸绸丝牙行,约有千百余家。远近村落纺织成绸匹,俱到此上市。四方商贾来收买的,蜂攒蚁集,拥挤不开,路途无驻足之隙,乃生产锦绣之乡,积聚绫罗之地。"同时水生作物也很发达,诗云:"近炊香稻识江莲","桃花流水鳜鱼肥","夜市卖菱藕,春船戴绮罗",就是很好的写照。

明嘉靖、万历年间,苏州城市丝织机房也得到蓬勃的发展。嘉靖《吴邑志》写道:"东北半城,万户机声"。"绫、锦、纻、丝、纱、罗、绸、绢皆出群城机房"。品种多达二十多种,产品行销全国,时有"绫布二物,衣被天下"之称。

在这期间已经出现了离开农业到城市出卖劳动力的长期或临时雇佣劳动者和拥有生产资料的早期资产者,出现了初期资本主义的萌芽,同时其他手工业发展也很快,明代宋应星在《天工开物》一书中写道:"良玉虽集京师,工巧则推苏郡"。此时,工艺产品已以其种类之多技艺之精而享有盛名。

这时的苏州城已经"市廛鳞列,商品麋集,集中山海之内之珍奇,外国所通之货具。"四方往来,千里之商贾,骈肩辐辏、各地会馆,乾隆时已有三十处。各种工商行业不下百种。至于形形色色的行商、摊贩、匠作尚不在内。而棉布丝绸行业为数更多,苏州府约束踹匠条约碑中说:"苏州城内外踹匠,不下万余,均非土著,悉系外来"。乾隆中叶,国内外市场扩大,水陆交通发达,商业资本十分活跃,号称"东南一大都会"南达浙闽、北接齐豫、渡江而西走皖鄂,逾彭蠡,行楚、蜀、岭南,凡弹冠捧檄贸迎有无而来者,类皆及会馆。

明代杰出画家唐寅,曾有诗形容当时苏州商市的情况、诗曰：
> 世间乐土是吴中，内有阊门又擅雄。
> 翠袖三千楼上下，黄金百万水西东。
> 五更市贾何曾绝，四远方言总不同。
> 若使画师描作画，画师应道画难工。

描写了当时商业集中地点的阊门外水陆交通发达处的繁荣景象。

苏州府，地域纵横无过三百里，幅员不广但工商繁盛、财物殷富，远过他郡。而且"声名文物，人才艺文"一向为江左名区，居于全国之先列，有人文荟萃之称，范仲淹、范成大、白居易、刘禹锡、文天祥等著名人物至今仍为人们所念，而流传至今的各种文化艺术、工艺技术更是丰富，著名的有：

文化艺术方面有吴门画派、吴门篆刻、苏州碑刻、桃花坞木刻、苏州刻书、苏州藏书等；

绘画用品方面有国画颜料、苏州湖笔、水印装裱等；

医学方面有吴门医派和制药；

纺织方面有苏绣、宋锦、缂丝、丝绸及由此而来的苏吴服装等；

传统戏剧方面有苏州评弹、昆剧、苏剧以及为戏剧服务的剧装戏具、民族乐器等；

在食品方面有苏州菜肴、苏式点心、月饼、糖果、蜜饯等；

水果方面有枇杷、橘子、杨梅、桃、粟、银杏等；

饮料方面有茶叶及香料制品的岱岱、茉莉、白兰诸花和桂花等；

水产方面有阳澄湖大蟹、太湖银鱼、太湖莼菜、荡藕南芡；

手工艺品方面有苏绣、制扇、玉雕、漆雕、金银细工、红木器件、苏钟、苏州眼镜、盆景等。发达的经济、高度的文化艺术、成熟的工艺技术对苏州民居艺术及其造园艺术都有内在深刻的影响。

四、苏州的建材与工匠

苏州古代建筑工匠很多，技法仔细精巧，形成了自己的独特风格。

古建工匠，主要分木工和瓦工两大类。

木工又分大木和小木两部分。大木是粗木工，解决房屋骨架问题，指立柱，上梁，架檩，铺椽，做斗拱，飞檐跷角等形成建筑物骨架的木活。一般现场制作，就地安装。

小木是指门窗、群板、花边、落地长窗、栏杆、靠等等建筑装修，有时也加工室内装饰品，如抱柱、匾、挂屏、家具等。

房屋骨架大多用杉木、松木制作，个别高级的也有用楠木制作。家具讲究的有用红木、紫檀、榉木等木质坚硬不易变形的树种，抱柱对是用契形细长木条拼成圆弧形。抱柱和匾，最好用雄性银杏木，质细、色美、不变形，不会被虫蛀。苏州的建筑用木材主要来源于浙江、福建、江西、皖南直至四川等山区，都用水运。

木工工具与全国各地大体相同，锛凿斧锯锉刨钻铲，细木作小工具更多，单铲就有平、斜、弧三类，每类大小都有几十种。花线刨更是随用随做、千变万化，还有专做漏空花饰的大型钢丝锯。

瓦工分"泥水"和"砖细"两部分。

"泥水"主要是解决房屋围护结构，如打桩，铺条石，砌空斗砖墙，抹灰，铺望砖，上瓦，做檐口、屋脊、封火山墙等。

"砖细"主要是做磨砖对缝等细活，诸如门、窗贴脸，砖柱上的砖饰，砖雕门楼，砖雕围墙等特殊建筑装饰。

"砖细"实际上是把砖当木头来加工。也锯也刨也锉。砖细的工具与木工一样，只是刨子头小尾大成梯形而且底面包有铁皮，以耐磨。

望砖和多种面饰砖都要刨平，这样才能平整合缝。有时还要刨成弧形，以适合各种构造的需要。面砖用白木或砖做成燕尾，砌在墙内与墙固定。

苏州市域到处都有黏土，烧砖瓦很普遍。普通古建用砖尺寸是215毫米×115毫米×35毫米，望砖，与普通砖尺寸一样，只是厚度是普通砖的一半，烧制时两块合一，使用时才分开。瓦、滴水、沟头、筒瓦等也都是到处能做。只是城砖方砖，由于在选土、制坯、阴干、焙烧等方面要求较高，只有吴县陆墓镇才有御窑，专为京都烧砖，历史悠久，砖质细腻、均匀。

苏州地区虽山不太多，但石料品种不少，主要有：

金山花岗石，质坚、色美，用于墙基、桥梁、碑坊、石裸门框、立柱、栏杆、鼓磴等处；

西山有大理石，产量不多，黑或灰色；

太湖石，是由石灰石被水常年冲蚀而成，用于堆假山，形态奇特、空透漏瘦；

青石（石灰石），做石碑、墙基、栏杆等，色雅，石灰石产量较多，烧制石灰也很普遍；

黄石，很普遍，用于墙基及湖沿围石等，一般用来堆假山，质硬、形简，另是一种效果。

砖瓦灰砂石，这些地方建材和传统木结构的骨架，加上匠人精巧的手艺，形成了苏州传统民居粉墙黛瓦、体量不大、造型轻巧的主要形态和淡雅的色彩。

第二章
苏州民居的分布与村镇布局

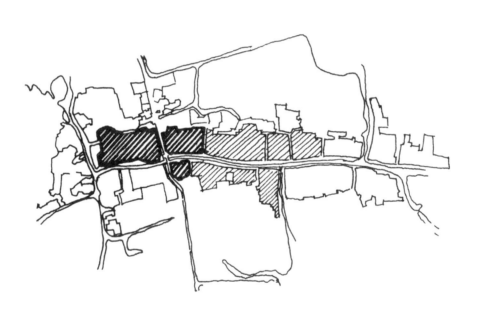

图 2-1 苏州市域古城村镇分布图

苏州民居从总体上可以分成城镇民居和乡村民居两大类，本书将分别进行介绍。

一、苏州城镇民居的分布与布局

苏州市域范围内保存较好的民居主要分布在苏州市区和一些历史较长、破坏较少的村镇中，有苏州古城、常熟虞山镇、昆山玉山镇、吴江同里镇、黎里镇、莘塔镇，吴县的东山镇、光福镇、扬湾村、陆巷村、明湾村、东西蔡村、甪直村、东村、周庄村等，这个城、镇、村系统及其中一些重要的古建筑，都被国家指定为各级文物保护单位而加以保护，见图2-1。

江南水乡，水网发达，村镇发展都与水有关：饮食用水、洗涤用水、灌溉用水、交通用水。村镇因水成市，因水成街，泽浸环市，街巷逶延，民居沿河而建，形成了各种各样的前街后河的民居形式。当路河之间较宽敞时，就有了进深较大的、严谨的古典大宅建设，见图2-2。

而当路河之间距离较小时就会出现前街后河的普通民居，见图2-3～图2-5。

图2-3 剪金桥巷某宅有院沿河平房

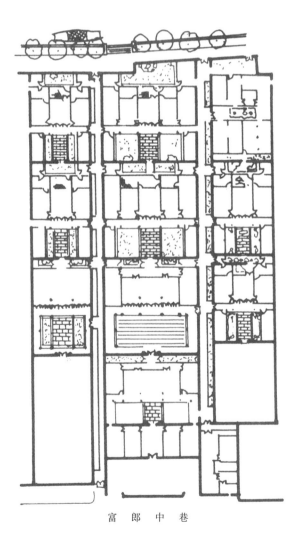

前街后河大进深大宅三落五进式，富郎中巷陈宅备弄中有狭长天井解决了备弄中的采光通风问题

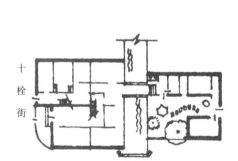

图2-4 饮马桥某宅 过河民居

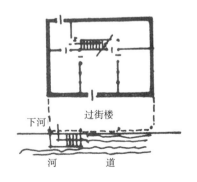

图2-2 苏州富郎中巷陈宅

图2-5 带骑楼的民居

二、苏州村镇布局及特点

长江三角洲是我国人口高密度地区，在苏州市域范围有 269 个乡镇、3300 多个村，平均每个乡镇控制人口两万人左右，控制面积为 31.5 平方公里。而每个乡村平均控制人口为 1600 人，控制面积约 2.5 平方公里，服务半径约为半公里（当然不是绝对平均的，而是南疏北密），见图 2-6。

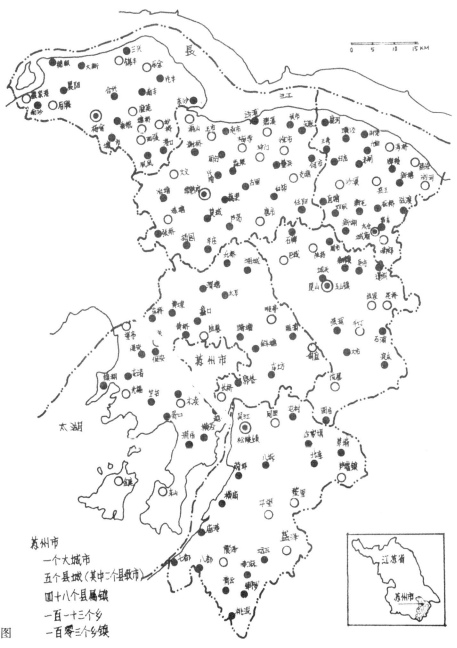

图 2-6 苏州市域各县乡镇分布示意图

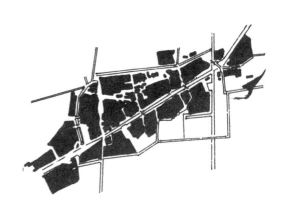

图 2-7 吴县横泾镇现状

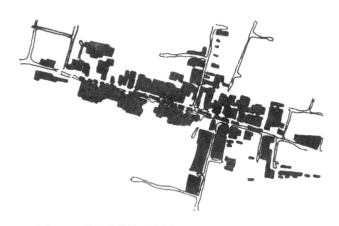

图 2-8 吴县黄埭镇现状图

图 2-9 吴县同里古镇

乡镇、乡村的密度、控制范围的形成，交通是一个重要因素。江南水乡，水网发达，近距离的用陆运，远距离的用水运。陆水相交就出现了桥，近距离带东西少的拎或背个包袱，东西多时抬或挑，条件好的骑马坐轿。因为有桥，车辆相对用得很少。远距离的用船运，运输量大而且省力。即使在今天，这个地区 70% 以上的物资仍用船运。

一个自然村落活动控制范围约半公里，这个距离是一般居民用 10～20 分钟步行可以达到的最远处，在平原上基本控制在视野之内，是比较恰当的，也是比较自然的。两村之间，相距约一公里，抬轿挑担可以中途不歇脚。

在自然村内，由于人口不多，没有大型公共设施，最多有个小杂货店，可以购买油盐酱醋、针头线脑等日常小百货和小食品，一些重要的商品都要到镇上去买。

正因为以往远距离交通都靠水运，所以村镇沿水而建。即使半岛或岛上的村镇，也都离水不远。一般的乡村都沿河长向发展，见图 2-7。

河边即路、路随河行，有时在路河之间的狭长地带建房或开店。即使这样，房子间留有许多缺口形成踏步使河路相通，而且也使小气候得到改善，见图 2-8。

在河网交叉地区，则乡镇往往成团状发展，见图 2-9。也有的在水网交叉地区村镇成放射形发展，见图 2-10。

在大江大湖边上的乡镇，则另有特点。一种是在入湖、入江的支流两侧发展成镇，见图 2-11。

山区乡镇，大多设在山南向阳平地之上，而且近水。吴县东山镇的扬湾古村、陆巷古村，吴县西山的明湾古村，消夏湾东西蔡古村和东村都是比较典型的实际案例（图 2-12～图 2-15）。

图 2-10 梅里镇现状图

图 2-11 浒浦镇现状图

图 2-12 东山镇杨湾古村现状

图 2-13 东山镇陆巷古村平面示意图

图 2-14 吴县西山镇明湾古村平面示意图

图 2-15 西山东村古村平面示意图

三、苏州古镇剖析

苏州市域范围内,一部分古村古镇,由于交通不发达,还相当完好地保存着原来的面貌,并且很有特色。

这些乡镇中有的是水网地区附近农副产品的集散地,有自己独有的商业中心而成为水网地区商业型古镇,比较典型的有吴江黎里镇和莘塔镇。也有的乡镇文化特色和宗教色彩较浓,而商业相对不太发达,例如吴县甪直古镇。而山区,由于平地都不太大,而交通也不如平原水网地区那样方便,所以没有水网地区商业型集镇那样有特色的沿水商业中心,而相反的这些古村镇文化色彩比较浓厚。

这里就几个有特色的古镇做些简要的剖析。

(一)吴江县黎里古镇

在明代,这里商业发达,是附近地区粮食丝绸的集散地,在镇中主要河道的两岸有成片三开间一落五进式前店后居大宅,总长度达450米,进深达50米,占地总面积约2公顷。当时市容十分壮观,目前还保存有200米长的前店后居大宅,见图2-16。

(二)莘塔古镇

莘塔镇在明代也是附近粮食丝绸等农副产品集散地,只是集中的范围没有黎里镇大(图2-17),这个镇的商业中心则形成了另一种成片的下店上居骑楼式民居,见图2-17~图2-19。

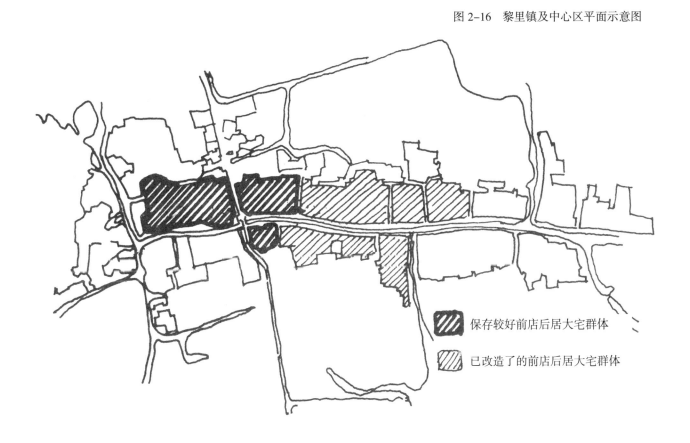

图2-16 黎里镇及中心区平面示意图

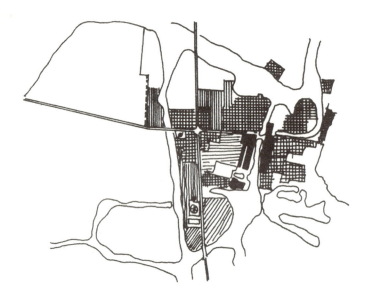

图 2-17 吴江县莘塔镇现状图

图 2-19 莘塔成片下店上宅骑楼式民居

图 2-18 莘塔成片下店上宅骑楼式民居平面图

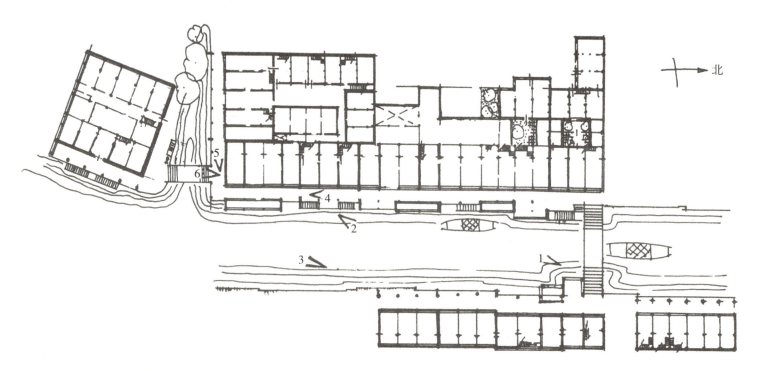

22 苏州民居

(三) 甪直古镇

吴县东部的一个古镇，相传是吴王阖闾的离宫所在地之一。汉唐时已有隐居贤士及庙宇，国家级文物保护单位"保圣寺"始建于汉唐。宋代已有集市，当时佛教兴旺，至明代，商业发达，集镇规模最大，古镇形成几个集市。图 2-20 为古镇布局演变图；图 2-21 ~ 图 2-23 为古镇中的南市、中市、东市的商店布置。

这样的集市用今天的眼光来看，虽然规模不算太大，标准也不算高，相反手工业气氛较浓，且日常生活中需要的东西应有尽有，堪称方便。

图 2-20 甪直古镇布局演变图

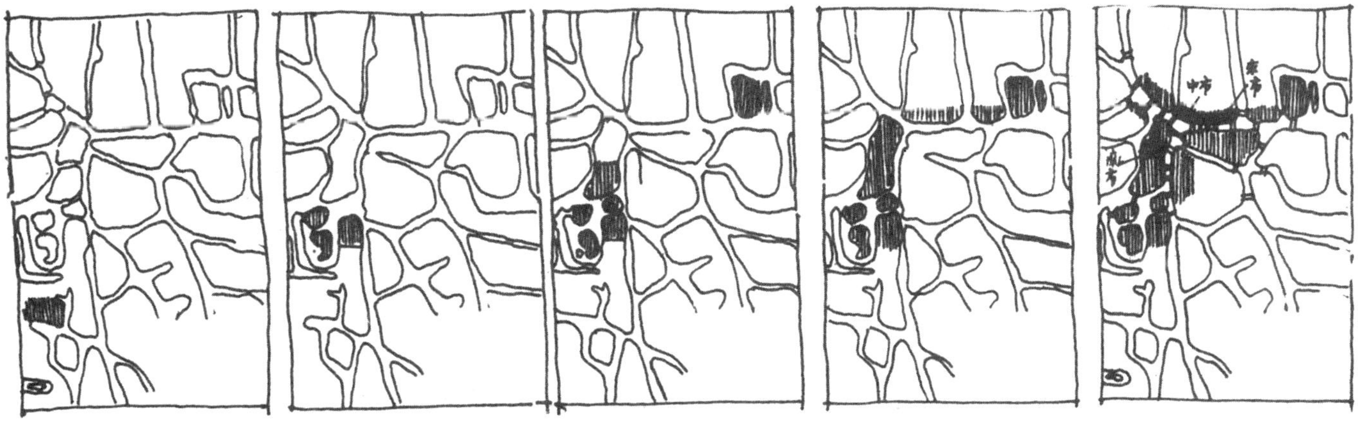

新石器时代有居民点　　春秋战国时是阖闾的离宫　　汉唐时隐贤名士不少，代表人物有陆龟蒙，保圣寺已建　　宋代形成水乡集镇佛教文化发达　　明集镇规模扩大、商业繁荣园宅众多，寺庙相对减少

图 2-21 南市平面简图

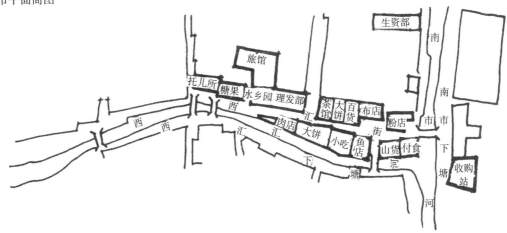

图 2-22 中市商店布置

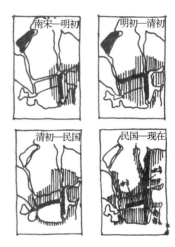

图 2-24 周庄历史演变图

（四）昆山县周庄古镇

周庄在昆山县最南端，始建于宋。公元 1127 年宋高宗逃难南渡，选中了昆山、吴江、松江三县交界处的三不管地点。金代二十相公定居于此，明初江南巨富沈祐、沈万三父子定居此地后，周庄逐渐发达，清朝为最盛时期。寺庙兴建，香火茂盛，有"水乡佛国"之称。由于交通不便、外界干扰相对减少，古镇风貌保存较好。周庄不像黎里和莘塔，是一个地区的商业中心，而是一个文化色彩较浓、水乡风貌突出的古镇。见图 2-24 ~ 图 2-27。

山区古镇，由于地理及历史原因，文化比较发达；而相反，由于不直接靠水，虽然也是当地农村产品的集散地，但没有水网地区村镇那种以水为街，以水为市的水巷商市，有自己的以陆路为中心的商业街道。吴县东山镇、扬湾古村的明代一条街（御道）就是典型实例，见图 2-28。

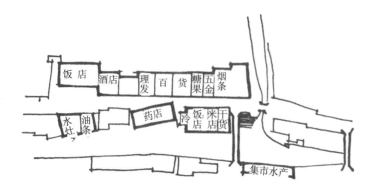

图 2-23 东市商店布置

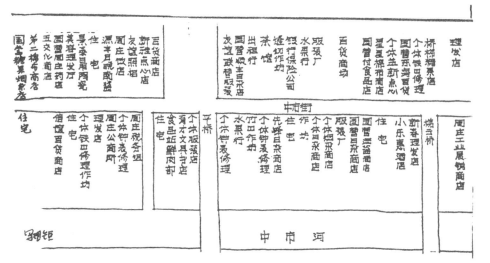

图 2-25　中市街商市平面布置图

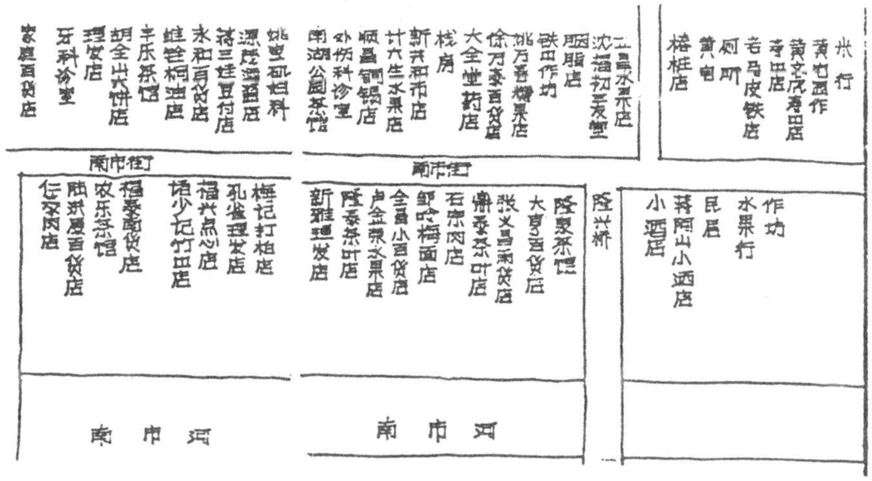

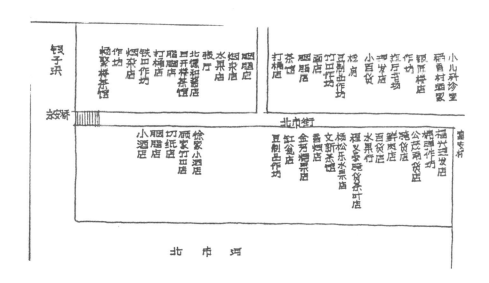

图 2-26　南市街商市平面布置图

图 2-27　北市街商市平面布置图

第二章　苏州民居的分布与村镇布局

图 2-28 东山杨湾古村明代一条街

图 2-29

图 2-30

图 2-31

四、古镇空间分析

水网地区的水乡古镇古村，有自己独特的空间形态、道路形式、小广场形式、桥头空间形式、路河联合形态等，形成了丰富多彩的空间构图。

（一）路河空间形态

水网地区路河平行，依水筑路，因水成市，临水建屋，空间形态很多，归纳起来主要有以下几种：

1. 房—路—河—路—房
2. 房—路—河—房
3. 房—路—河—棚—房
4. 楼—河—楼
5. 骑楼—河—骑楼

图 2-32 楼—河—楼

图 2-33 骑楼—河—骑楼

而河边路间窄长地段建的小型民居更是变化自然，形态丰富，图2-34和图2-35是一组实例。

（二）古镇道路等级

古镇古村的街道铺砌构造是分等级的。

一等：御道，皇帝走的道路，用青砖侧立铺砌成人字形，表示皇帝是一人之下万人之上的上天之子。

二等：青石板路，用在村、镇中的干道，石板边的空隙用砖或碎石砌平，石板下面是下水道（图2-36）。

三等：青砖或方石路，用青砖侧铺成平行状，个别的也有用方石铺（西山东村），但很少见，这种道路大都用于支干道上或大户人家的门口、广场及大户周围的道路上，见图2-37。

四等：弹石路，用开山采石加工下来的碎花岗石插铺而成，多用于普通小街小巷的道路。

五等：泥路，这类多是镇外、村内道路，但也用石料在路边铺砌以固定路型。

除了石板路以外，其余道路都在路两边设排水沟，用明沟解决排水问题。

图2-34 高低差落、变化丰富的小型沿河民居

图2-35 高墙凹凸、树木丛生、小桥过河、踏步进房、侧影

图 2-36 吴县西山明湾古镇石板路

图 2-37 青砖铺路（吴县东山陆巷）

（三）道路空间形态

村镇内干道空间变化丰富，平面上几乎没有两户房子在一直线上，房屋有高有低，有进有出，空间十分丰富，宽的地方可以设摊叫卖或供儿童嬉耍（图2-38）。

有的在较宽处种几棵树，可以乘凉，也增加了街道景观和色彩，见图2-39。

有的房子严格按南北朝向建设，而门前道路却沿河弯曲，形成三角形小广场。

带商店的道路则变化更多，而形成了非常热闹的气氛。

有的古店有意突出，店前路窄，店门大敞，人多时，便自然挤进古店（图2-40）。

在山区景观带有更多的自然色彩，路边往往是没有围墙的果园，而私宅中的古老银杏伸出墙外，更有一番情趣（图2-41）。

两面是店的街道，往往在铺面上伸出一个棚，有的用门板支起来当遮阳板，遮阳避雨，又是另外一种景观。有的索性将路上搭一个席棚更是阴凉，吸引顾客（图2-42）。

大户人家门前的一株紫藤，姿态优美，形成一个过街凉棚，树影倒映在墙上，有黑色有绿色，形成了如诗如画的街景（图2-43）。

古镇古村中的道路大多随地形、河道而曲曲弯弯，一眼望不到头，不太大的山村，给人以一种无尽头的效果。

古街边上，有时会在密集的民居中间出现一个共用的古井台，这是过去人们社会交际的场所之一。

图 2-38 路宽处儿童在嬉耍

图 2-39 路边上点种几棵树

图 2-40 古店前路反而窄

图 2-41　私宅内的古杏，伸出墙外，反映了古镇的历史

图 2-42　搭连棚的商市

图 2-43　门前种植紫藤树

图 2-44　双眼井台

第二章　苏州民居的分布与村镇布局　31

（四）巷门

古城有城墙、城门，而古村则有自己的巷门。它也是一种防卫的安全措施。全村型的大巷门往往和码头小广场、商店组合在一个群体之中，图 2-45 杨湾村巷门就是实例。

小的巷门，是守卫巷子的安全措施，见图 2-46。

（五）桥头空间

水巷古镇水多、路多，水路相交则出现了桥。而桥头又往往是水陆交通转换处，形成了特有的镇村桥头空间形态。

路桥相连、廊桥相连、桥桥相连，桥插入房房之间，河、踏步、广场、路、桥相连，形态各异（图 2-47 ~ 图 2-49）。

图 2-46　东山陆巷古村内巷门门上有更楼守护

图 2-45　杨湾古镇巷门

图 2-48　桥路顺接

图 2-47　高平桥与低平桥相连（主次航道交叉）

图 2-49 高平桥插入两房之间

（六）驳岸小品

在水网地区的古村镇中，河道驳岸小品是村镇彩带上的点缀，像腰带上绣的彩花，别具匠心，令人喜爱。这种小品可以分成三类：

1. 踏步：踏步的形式很多，有平行于驳岸的，也有垂直于驳岸的，还有联合式的；有单向的、有双向的；有室外的、有室内的；有转弯的，图2-50是几种踏步的平面。图2-51～图2-53是几种私家踏步的照片。

2. 船鼻子：是驳岸上为系住小船固定船绳专设的绳眼。这是驳岸上雕刻的精品，形式多样，有"如意"、"仙鹤"、"葫芦"、"和合"等吉祥物的浮雕，见图2-54、图2-55。

3. 污水出水口：在驳岸上还有各种住宅的污水出水口，做成不同的形式，如图2-56、图2-57。

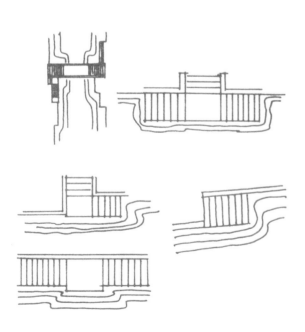

图 2-50 几种公共踏步平面

图 2-51 私家踏步之一

图 2-52　私家踏步之二

图 2-53　私家踏步之三

图 2-54 如意鼻

图 2-55 葫芦鼻

图 2-56 山尖形污水口

图 2-57 拱门形污水口

第三章
苏州古城民居

人们居住在民居之中，但又不能局限在民居之内，而必须与外界来往，由此而与民居所在地的交通体系有着不可分割的联系。这种民居与交通体系的组合，形成当地城市特有的、丰富的城市空间。

处于水网地区的苏州古城，有自己独特的水陆交通体系，与民居的组合形成自己特有的城市空间。本章第一部分着重分析河、街、巷、桥与民居的关系，以及形成的各种空间形态。第二部分着重介绍古城民居本身，从单元到平面布置，各部分功能与建筑处理。从大型、中型、小型民居到商业型民居的各种布局及处理手法。

一、城市和民居的空间分析

苏州古城区是格网式街坊，江南水系纵横，水路、陆路一起入城，在古城西南角盘门城楼中就保存有全国仅存的水陆联合城门，由此而形成街河平行、双棋盘式的布置格局，这种格局至今还基本完整，是江南水乡城镇的突出实例（图3-1）。

民居建筑毗邻而建，沿着街河蜿蜒连绵，高低参差，重重叠叠，建筑密度很高。街河纵横交叉，产生了街河的立体交叉，桥就在河上竖立起来。大桥、小桥，平桥、拱桥，形态各异，现今还有百余座桥在古城里，布满这密集的民居丛。"小桥、流水、人家"的名句，概括了苏州人诗情画意的生活环境。

水是苏州古城的特色，就从这里谈起。

（一）河与民居

从八百年前的宋平江图上丈量当时有河道八十二公里，至今城内尚有河道三十五公里多。古城里河的两岸都用石块砌筑，称作石驳岸。有的民居临水压驳岸而建，争取了更多的建宅基地，而石驳岸就是民居建筑的基础，宅

图3-1 盘门城楼中之水城门

舍就从驳岸上排列而起。河水也是人们生活中重要的水源，所以下河的踏步（用石材制作）在临水民居中都做了妥善的安排，既与建筑布局相吻合，又与河道交通相配合，构成了强烈的水上人家的生活气息，特有的水乡民居风貌。河边的布局大致有以下几种：

1. 水巷：民居——河——民居的布置形式，河道两侧的民居都压驳岸而建，形成一条以船只来往的水上小巷，历史记载古城河道宽五至十丈，现存河道一般宽度为4~6米（图3-2）。

河的走向不同，河与民居的关系、组成的空间也不一样。东西走向的河的南岸都是居家的后门临河，常有下河的踏步。有逐级挑出在水面上的；也有为了不占河道的空间，凹进驳岸边沿之内的；有的只在驳岸上挑出一个平台或一段窄廊，更简单的就是一块石条作为汲水、船上购物的平台；有的只在开向河边的门上装一护栏，来与河上联系。处理灵活，布置形式多种多样。北岸有院墙时、院门、踏步、树叶绿枝伸出院墙、高悬在小河之上；有的临水是通排明亮的窗，依窗而得河上景色，冬季阳光射入室内，夏季河上徐徐凉风调节着临水民居的小气候（图3-3、图3-4）。

图3-3 水巷民居绿化

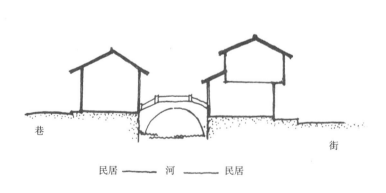

图3-2 水巷剖面示意图

图3-4 水巷民居之通排明窗

图 3-5 水巷景观之一

图 3-6 滨河街巷剖面形式

南北走向的河的两旁下河的踏步常见布置在前后两宅的夹道中,垂直于河道,给这长长的水巷开了一个口,把河与街、巷连了起来,也是船家上岸的通道。当然,私家下河踏步还是适合每宅的具体情况而灵活布置。南北走向的河道上的立面多见山墙尖与厢房的窄条瓦顶,柔和地连结在一起。沿河 4～5 米很窄的用地形成东西朝向的沿河民居,由于河上的小气候调节,这些民居还不至于热得无法住人,为了争取面积有的挑在河上,有的二层挑出在水面上,这些民居临河也用通排的窗,显得小巧而轻盈。

水巷幽深,民居建筑平房与二层楼房相间,有的紧贴,有的略退,有的挑在水面之上;有的是明窗,有的是院墙、护栏和绿化,配上下河的各种踏步,把民居与河有机地连接了起来,真是处处是景,幅幅入画。在这水巷上有节奏地架设着街、巷过河的桥,桥也是水巷上独具风采的景点,桥上又是观赏水巷的立足点之一。水巷上还有跨河宅院的私家小桥和桥廊,更丰富了水巷的景观,也创造了独具风格的跨水民居的布置格局(图 3-5、图 3-6)。

白昼粉墙黛瓦映入水中,夜幕莹莹灯火在河中浮动。水巷的布局构成了"君到姑苏见,人家尽枕河"的水乡特有的意境。

图 3-7 水巷景观之二

2. 滨河街巷：街（或巷）与河平行，街侧临河也砌筑石驳岸，有的还有石栏保护，民居布置在街河两侧，形成水陆交通两便的滨河街巷（图 3-7）。

在街河之间常布置了浣洗衣物和停泊船只的码头、踏步。靠街巷一侧的居家是利用这些公共的踏步到河滩来利用河水，与农家船上进行交往，瓜果、菜蔬送到了家家户户的门口。面水布置的民居开门就见河，仅几米之遥就跨到水边，出门踏街巷，兼得水陆之便。街河驳岸边有的种植行树，设置石栏，装点了这滨河街巷的环境空间（图 3-8）。

在滨河街巷的河上，隔一定距离架设桥梁，在河道交叉口、转弯之处，有两座桥或三、四座桥组合在一起的格局（图 3-9、图 3-10）。不仅是交通的必需，也强化了滨河街巷的水乡风韵。

在古城里还保存着架在河上的小庙，在山圹河与鸭蛋桥浜的丁字交口处常常是绘画者的景点，庙门口是一座小拱桥横在面前，整个庙就建在桥上，这种庙的选址，也只有在水乡才能见到。庙下深深的桥洞里常常是雨天农船避雨之处，夏日纳凉之所。小庙是苏州河面上仅存的一处，在古城保护规划中是应加以重视的。

图 3-8 滨河街巷景观

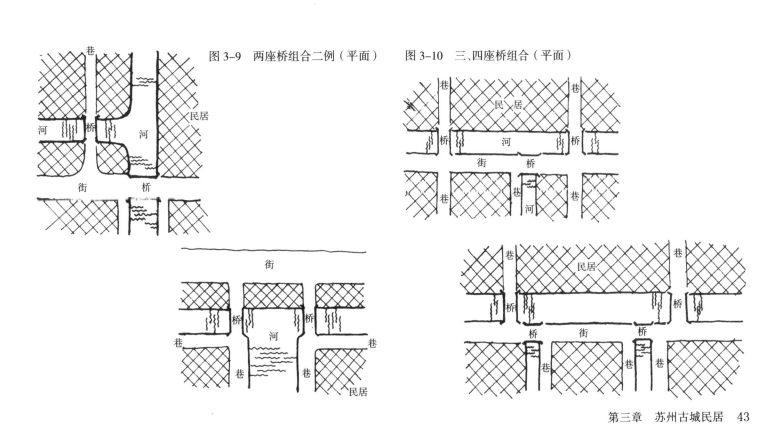

图 3-9 两座桥组合二例（平面）　　图 3-10 三、四座桥组合（平面）

（二）街巷与民居

苏州的街巷都是用石块筑路面和排水沟道，青石板、弹石路是古城的特色之一，当然也有一些是砖铺砌的道路。由于时代的进步和交通工具的改进，逐年用水泥路和水泥块铺砌的街巷在替代古老的路面结构。但还留下了不少石铺的路面，为了保护古城风貌，新修的街巷路面也有用方整石块铺筑的。

苏州古城主要是南北向街略偏东，这与城市南北主轴略偏东是吻合的，正迎着夏季主导风向（东南风）。东西向街与南北向街基本垂直，形成街的格网，巷是格网里的步行道，东西向巷居多，形成扁方格形的城市街巷系统（鱼骨型与方格型道路系统的重叠）（图3-11、图3-12）。

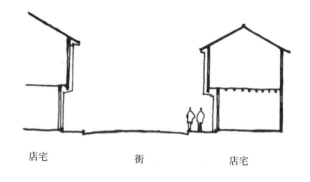

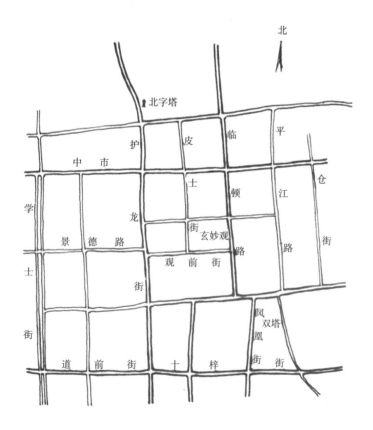

图 3-11 苏州街格网局部平面示意图

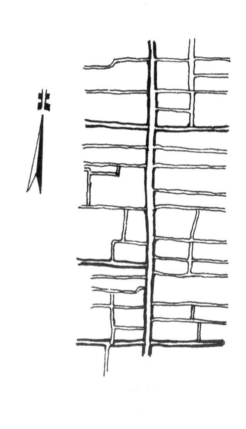

图 3-12 鱼骨形街巷平面示意图

街市是车辆的主要通道，商店林立，十分繁华。人流集中，是江南水乡城镇经济繁荣的象征。由街步入巷里，是安静的居住环境，小巷幽深，深宅大院多半就隐藏在这古老的青石板、弹石路不宽的巷弄之中。

1. 街：街宽 10 米上下，（新中国成立后，由于城市人口和交通量的增加，以及交通工具的更新，汽车代替了马车和人力车，有些街道也已拓宽）街两侧商店毗邻，紧紧相靠，争取街市上的面宽，少则一间，常见有二、三间的。而这些商店都带有经营者的居住部分，就是布置在街市上的带店民居。若是平房，常形成前店后宅的布局；楼房就形成底店楼宅的格局，常见二层亦有三层的。这些民居，除了对顾客开放的店堂（营业部分）外，库房、小作坊之类与居住部分组合在一起（图 3-13 ~ 图 3-15）。

街市上的民居所处环境，除了正面是街外，背面是河，形成前街后河，兼得水陆两便的运输之利。这种店宅是利用街河平行之间的狭窄用地，进深较浅，规模较小的民居。后面是巷时，形成前街后巷，巷里常是作坊、库房和家人的出入口，这种店宅进深较大，是有一定规模的民居。也有仅街面上设一个出入通道，周围无法争取到出入口。有的就在店面边上开辟一个夹道作为内宅的出入口，当然损失了营业间的面积；有的是在营业间的柜台布置时，让出一个通道，不减少营业间的空间，在营业间里出入，一举两得，也十分常见（图 3-16 ~ 图 3-19）。

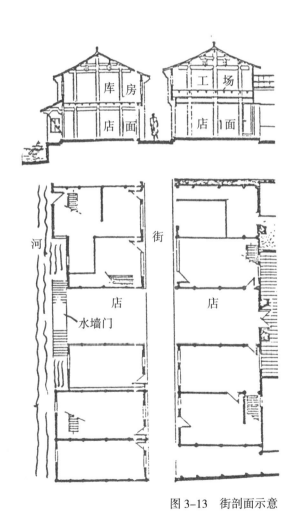

图 3-14 街市一角

图 3-13 街剖面示意

图 3-15 街市小景

第三章 苏州古城民居 45

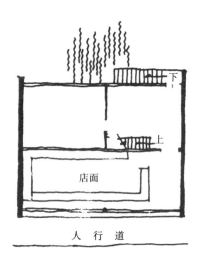

图 3-16 前街后河的店宅布置

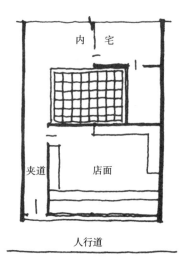

图 3-18 店面边设夹道的布置

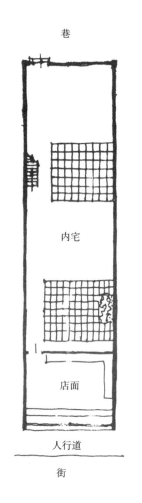

图 3-17 前街后巷的店宅布置

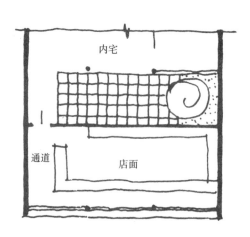

图 3-19 店面中设通道的布置

街市上带店民居大多数紧贴路边布置，有些为了经营商品的需要，店前需留有不大的场地，就退进路边布置。街口转角处常见沿弧线而建造，成扇形平面。这些布置的特点就是充分经营这街面上的用地，为开店而争取有用的室内外空间。

各家店宅有各自的山墙，但又紧紧地靠着，形成连绵不断的商店之街。各具自身经营的特色，产生了许多苏州有名的店铺、酒楼、茶馆、药房等。

一般的店面是一排木制早卸晚装的排门板。当营业时，店堂空间敞开在街面上，形成街道空间的延伸，像是柜台放在街上一样；收业时，排门板完全封闭了营业空间。二层部分挑出半界或一界屋（桁与桁之水平距离，称界），通排半窗、木裙板，各种局部处理相当丰富，就其大体格局是相似的（图3-20）。二层也有个别作凹阳台的处理，落地长窗、吴王靠作栏杆，也很精美（图3-21）。

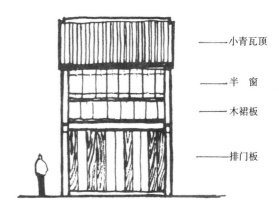

图3-20　带店民居立面示意图

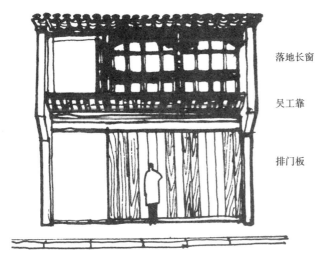

图3-21　带凹阳台店宅一例

2. 巷：巷是街形成的格网里的步行道，直接与户户民居相连。由于江南地区气候条件，民居以南北朝向为优，形成东西向巷为多数，似鱼骨状，串联在南北向的大街上。巷长在250～350米左右，巷与巷之间的距离比较近，60～80米上下，适宜于一般规模宅院的布置。巷本身也有宽窄之分，宽的约3～4米，窄的约2米。巷里就是比较安静的居住环境，深宅大院多半在巷里。大型宅院是封建大家庭居住方式的产物，纵深几进，横跨几落的建筑群体，配有私家花园。大宅占地大，有条件得到几个方向的出入口，常有前后都是巷的布置，有的前巷后河，也有侧面是巷或河的布局。

巷里除大宅外，还有众多的普通民居，是一些中、小户人家根据用地大小及形状，需要和财力的可能所建造。布局多样，形体自由多变，不拘一格。在各种条件限制下，创造了实用而得体的民居建筑。有的用地窄而深，有的阔而浅，有的很不规则，有的朝向不理想，经由掌墨师与业主的精心安排，都得到了比较妥善地解决（图3-22～图3-24）。

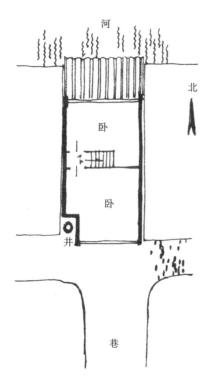

图 3-22 窄而深用地之小型民居

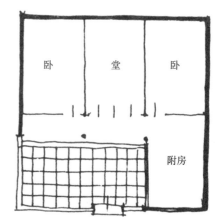

图 3-24 三间一厢房（充分利用基地）

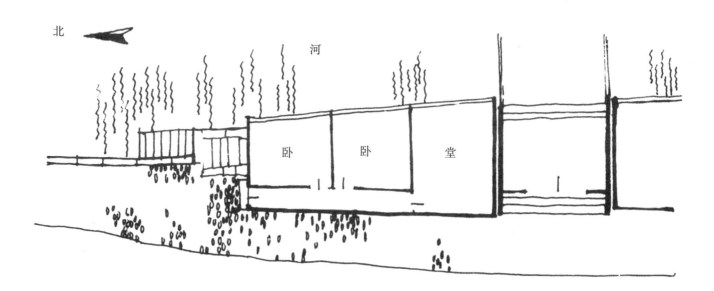

图 3-23 阔而浅用地之小型民居

巷里是充满生活情趣的环境空间。苏州城里人用水在河里，吃水在井里，不近河边的人家，井更是不可缺少的水源。井台边，就是家庭主妇们边洗边谈的社交活动场所。

宅前退进的小场地，布置有绿化、铺地，老人、孩子可以在门口小憩，晒太阳、晾晒衣物，做些家务活，夏晚是纳凉之所。

巷里适当的地方还设有厕所，倒马桶的粪便站，这也是没有上下水系统的旧民居区里不可少的卫生设施。时代在进步，古城在改造，现代化的设施将会进入每家每户，但毕竟旧民居区给现代化设施的实现留下了不少难题，保护与改造给当代建筑师提出了课题。

与河平行的巷里，有一些下河的口子，为巷里人家下河浣洗、船家上岸而设置，同时也是巷弄里调节气候的进风口，夏季把徐徐凉风引进巷里，改善巷里的小气候。

巷口有的有巷门、更楼、石牌坊，留下的已不多，间或还可以见到，例如寒山寺还有一个小小的更楼在，在改造规划中已加以保留。过去苏州城里中榜当官的人不少，所以在他们居住的巷口或巷中留有牌坊或其痕迹，留下两根石柱。有的是封建礼教内容的贞节牌坊（图 3-25）。大宅门前的照壁及小广场等都是起着空间变化的作用，是富有装饰意味的地方（图 3-26）。

图 3-25　巷口牌坊

城市标志性建筑物组合到巷的空间环境中，更增添了巷里景观的丰富和特色。巷端的桥也是空间变换中的对景，出巷上桥或下桥进巷，空间序列上的变化，引起人们心理的不同感受。

图 3-26　巷里的照壁墙

(三) 桥与民居

苏州古城历史上有桥三百二十五座，至今古城内尚存一百六十八座，还不包括跨水民居中的私家小桥与桥廊。"过河架桥"是沟通陆上交通网络的必需。古城外围以城河相隔，所以进入古城必须从环城四周的桥上过，城周围现有桥十一座，东面有葑门、相门、娄门桥；南面有南门、吴门桥；西面有胥门、红旗、金门、阊门桥；北面有平门、齐门桥。由于古城四周的发展和交通的现代化，大多数的桥都放宽，能承较大的荷载，改建成适应现代使用的要求。只有盘门的吴门桥还留有拱形石级桥，古色仍在，被列为文物保护起来，它与盘门水、陆城门组合一起，仍能显示姑苏城的风采（图3-27）。

古城内河道纵横，几十公里弯曲蜿蜒，桥就布满了古城，桥的密集也是国内城市中之最，俗有"三步两座桥"之说，笔者踏勘全城，获得一幅图片，确有此例（图3-28）。就平江路一段约一千六百米左右河面上，就有十七八座桥；其中部一百多米中就布置了四座石桥。

图3-28 拱桥、平桥相接（三步两座桥）

图3-29 吴王桥头小店

图3-27 吴门桥与盘门城楼的风采

古城里的桥都是用精心开凿成的石块、石板条砌筑、架设而成的，利用本地产的淡黄色的花岗石制作架桥的构件和栏杆，加工有的粗犷简朴，又有精工细雕的花饰和书法。拱桥的圆拱券是楔形弧状石板相嵌筑而成，相当精美；平桥（俗称石板桥）是在石驳岸或抬起的石桥礅上铺设石条而成，简朴、明快。

1. 桥头布局：巷里的小桥头，比较幽静，巷窄桥小，河也不宽。这里常设有小店，是为附近居民服务的便民小店，小屋一间，几块排门板，白天敞开着（图3-29）。

桥头常是街与巷或开阔空间与封闭空间，动与静的空间变换的点。当我们从大街上跨过小桥，进入巷里，这种空间变换的感受是十分强烈的。街市、滨河街巷是较为开阔的空间，人、车、船来往频繁，是一个"动"的环境；而巷里是一个幽深、安静的居住环境，桥像是空间变换的"门户"，拱桥更明显，从视线上就把这两种环境空间隔开了。所以，桥在水乡城镇民居街坊的布置中既是陆上交通的纽带，又是环境空间变换点（图3-30、图3-31）。

2. 桥与民居构成的景观：苏州古城里的桥是水乡城镇的特色，有"东方威尼斯"之称与数以百计的桥分不开，与桥构成的环境、艺术风采分不开，每座桥与周围的民居构成了自身特有的景观。

跨越于河上的桥，为了桥洞中过大船，桥面高高耸起，河面很宽的地方有三环洞的桥，它们都高过民居的屋顶，与两岸民居相比是比较壮观的。高耸的桥多半都是拱桥，柔美的桥洞就是一个景框，低矮的民居在桥洞中曲折延伸（图3-32）。

贯通街道的桥人多，行车多半是较宽的平桥，或带一定缓坡而不设踏级的桥。桥头有下河的踏步、码头，民居簇拥在桥的两头，这些民居以店宅为多，是一个市口。民居还是一、二层建筑，组合得比较平缓而舒展，相当密集，构成了比较繁华的桥头街市。这里是水陆运输的汇集点，也是这水乡城镇独特立体构图的景观（图3-33）。

巷里的小桥多半是以人行为主的，所以拱桥、平桥都有。巷窄、桥小、河不宽，与一、二层民居建筑相配合，

图3-30 十全街上桥入巷，分隔了街与巷的空间

图3-31 由巷里看桥

图 3-32 上圹河上津桥洞中的民居

图 3-33 乌鹊桥头的民居景色

图 3-34 平桥与民居组成的景色

显得十分亲切，小桥、流水、人家的意境更浓（图 3-34）。

平直的石桥、石栏构成了简朴的地平线，与竖立在地平线上的民居坡顶、高耸的封火山墙，形成桥头生动的轮廓线，如平江路朱马交桥头的景观（图 3-35）。道前街通入巷里的志成桥头，白粉墙、灰瓦顶，漏窗围墙，一、二层坡顶民居组合起来，也鲜明地显示了江南水乡城镇的平和气氛（图 3-36）。

跨水民居中的小木桥、木栏，连接了小河两岸，悬架在小河之上，轻盈而秀丽，这桥更与民居融合一起，构成了苏州民居中特有的景观，跨水民居中还有桥廊形式架在小河上，它是民居的一部分，也是这河上耐人寻味的景色，同时也成了画家们写生的景点。这桥廊都是木结构的，是与跨水民居一起建造起来的，所以它的色彩、质地都与民居融为一体（图 3-37）。

图 3-35 朱马交桥与民居组成景观

（四）民居与古城建筑艺术风貌

苏州古城数量最多的建筑就是传统民居，体量小巧，千姿百态，城市总体轮廓起伏不大，与城市标志性的建筑物——塔、寺庙、城楼等组合，又有自然环境——湖、河、山丘烘托，构成了和谐、融洽的城市面貌。

传统民居的色彩及用材——粉墙黛瓦、木质门窗及构件，白、灰、棕色的基调，加以树木花草的绿色相衬，构成了安宁、平和的古城建筑艺术格调。

进入古城，人们穿街走巷，站在桥上观赏河上的景物，环顾桥头的风情，所有这些印象的总和，就是苏州古城给人的建筑艺术风貌的感受。街是街市的气氛，河是河边的景观，巷是巷里的情趣，桥是桥头的风采，各自都具有空间环境的个性特色。街市的繁荣、热闹，河边的秀丽、清净，巷里的幽深和宁静，桥边的多姿和丰富，但都统一在一种格调下，显得那么完整和协调。民居与环境组合得那么适当、妥帖，尺度那么舒服、亲切，不失其人间天堂这样一个城市居住生活环境的赞誉。

各具特色的环境空间的构成都与大量的民居分不开，与民居的布置手法密切相关，所以在某种意义上讲，古城建筑艺术风貌就是民居与街、河、巷、桥组合形成的空间环境艺术效果给人们的感受。中国建筑艺术讲究建筑群体

图 3-37 鸭蛋桥浜某宅之桥廊小景

图 3-36 志成桥头景观

形成的效果、空间环境的质量为根本，就其单个房屋是单一的，当然也有其自身创造，几幢房屋组合起来，就产生各种环境效果。城市风貌也就是各个局部环境效果的总和，所以，民居与古城风貌连在一起，就是细胞与肌体的联系。这种设计观念是完整的，辨正的，值得继承和发扬。

二、城市民居的建筑处理

（一）基本单元

苏州城市民居以木结构为承重体系，用抬梁和穿斗的构架承受屋面和楼面重量，以空斗墙或砖实砌墙来围护及分隔空间，形成建筑。民居的基本单元为"间"。

苏州民居多以三至五间的单数横向连成建筑物称为"落"，"落"与正面庭院组成"进"，多"进"的纵深串联再以高围墙封闭组成住宅，这就是通常所指的一落多进的住宅，这样的住宅还可以横向组合形成多落多进的大宅。（图3-38）。

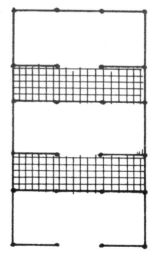

图3-38-D　多进纵深组成封闭型住宅是一落二进

图3-38-A　间　　图3-38-B　由间组成的横向单体"落"

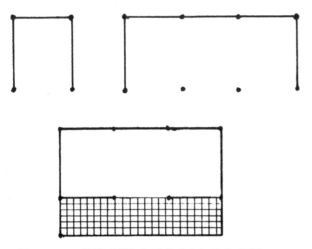

图3-38-C　单体"落"和天井（庭）组成"进"

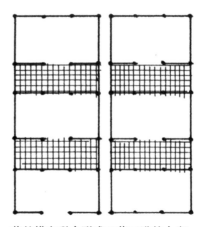

图3-38-E　落的横向联合形成二落二进的大宅

苏州城市民居中，每间的宽度为4米左右，进深则以檩数决定，檩距为1米左右。

（二）平面布局

苏州城市民居的平面布局具有一种规律性变化的特点，这种规律性变化与民居的规模有关，规模则取决于住户的出身、职业、经济实力。我们将苏州城市民居按照规模分成大、中、小三种类型，并分别介绍它们各自的特点：

1. 大宅：苏州城的建成已有数千年之久，据吴县志记载，周敬王六年（公元前514年），吴王阖闾命伍子胥在"吴墟"内建城。墟作过去曾住人的地方解。由于苏州地处江南首富之地，历代官僚富商争相在此建宅，现存大宅中，有的是在位者的官邸，有的是商业大户的住宅，也有的是地主在城内的住所、退位官员的住宅等。根据苏州市人民政府1982年对苏州市古建筑普查表明，苏州市内保存较好的252个古建筑中，古典大宅有164处之多。大宅的主人都是封建社会的上层人物，大宅的布局严格按照封建社会的宗法观念及家族制度而布置。封建社会讲究子孙满堂、数世同堂。推崇君君臣臣父父子子的伦理，男女有别、男尊女卑等封建道德观。这些意识反映在建筑上使大宅的规模庞大，等级森严，各类用房的位置、装修、面积、造型都具有大致统一的等级规定。

苏州富郎中巷陈宅及留园东宅复原图就是这种大宅的典型平面（图3-39、图3-40）。

按我们前面说过的基本单元组成原则分析，这两个大宅都是三落五进的布局，主落居中，轴线明确，每"落"中均按纵深布置住宅用房，位于主轴线上的明间较两侧的开间略大而整个住宅的入口位于正落中央。正落中沿纵深布置的各种用房按顺序排列是：第一进为门厅、第二进为轿厅、第三进为正厅、第四进为内厅等。正落是封建大家庭中长辈和统治整个家庭的人物居住与生活之用房。正落的中轴线大多是贯通的。左右边落的处理有较大的差异。相对正落而言，边落中没有直接对外的主要街道入口，要进入这个大家庭，任何人都必须通过正落的入口，这种布局体现了封建家族中不能另立门户的观念。基于这种原因，在边落中不设正厅，这种布局保证了家庭中主要的礼仪、接待活动都必须在正落中进行。布置在边落中的建筑，无论在开间的面宽或是总的间数等各方面都较正落为小。正落与边落间有通长的备弄，一般的情况下，边落中各进的平面与正落不完全相同，边落中轴线是不贯通的，各进的厅堂要经过备弄经天井才能进入。大宅的布局强调中央轴线的突出地位，是封建社会生活方式和意识形态的反映，在大宅的布局中还值得一提的是住宅中花园的位置，大宅中的花园经常布置在住宅的末端，专供家庭内部游息之用。在苏州大宅中的花园也有设在大宅一侧，形成园林大宅，如留园东宅（图3-40）及鹤园（图3-41）、网师园住宅。也有这样

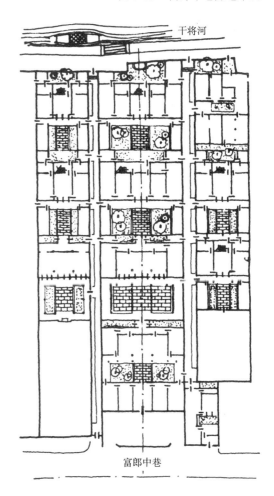

图3-39 富郎中巷陈宅平面

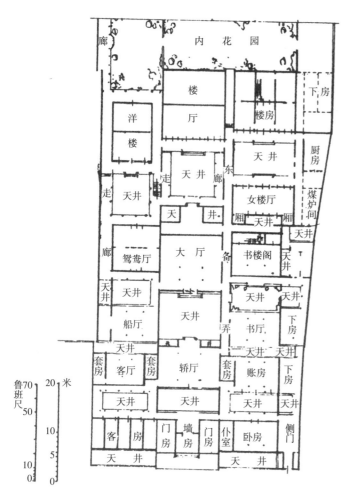

图 3-40 留园东宅平面

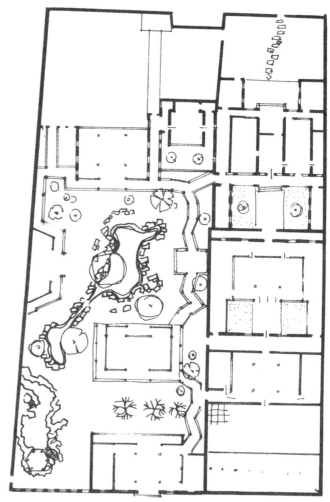

图 3-41 鹤园及其住宅平面

的布局，即将花园设在边落相当正落中第一进的位置处，这样的边落中第三进往往是花厅的位置（见铁瓶巷住宅及顾宅）。园林大宅将封建宗法社会的呆滞、严肃的气氛与日常生活中对美和舒适的追求统一在高大的围墙所封闭的室间中，这也能被视为封建社会东方文化的一种特色，也是苏州民居中古典大宅的特色之一。

大宅规模巨大，内部装修豪华细致，是封建统治者家族庞大及财富的集中反映，更体现了江南劳动人民的技术才能和艺术成就，是苏州民居建筑的精华。

2. 中型民居：这类住宅基本上仍按轴线的方向，采用多进的形式布置主要建筑，与大宅不同的是在中型民居中除正落外没有边落或附房。然而，即使在一落的布置上也由于地形及财力的限制，不能完全照大宅主落中各进的布置，如阊胥路某宅及蒲林巷旧吴宅、东北街旧陈宅（图3-42、图3-43）。在阊胥路某宅中虽然还保存轴线及沿纵深布置建筑的特点，但每个局部的建筑处理并不完全按轴线对称布置，如住宅的大门不居中、轿厅在门厅一侧，正厅与内厅合而为一，具有综合功能。

3. 小型民居：城市一般居民建造的小型民居在苏州城内数量也很大，这些小型民居建造年代并不太远，占地小，布置自由，类型多样。图3-44为金狮巷沿河某宅，利用河道及天井组织通风，住房沿天井布置，并保留了轴线居中的布局。饮马桥跨河民居，布局自由、利用河道上部架桥，将花园设在桥南（图3-45）。

马大箓巷旧张宅平面，在方形的极为紧凑的小面积中，利用前后天井合理安排居住用房，前院面对正厅、配置绿化，丰富住宅的生活情趣。后部天井利于厨房的通风采光，天井内还设有水井方便生活，整个布局并不强调中轴线而与大宅中边落的花厅相近（图3-46）。

沿河小型民居布局更为简单，以最少的用地和建筑面积而达到住宅使用方便的效果，见图3-47～图3-49实例。

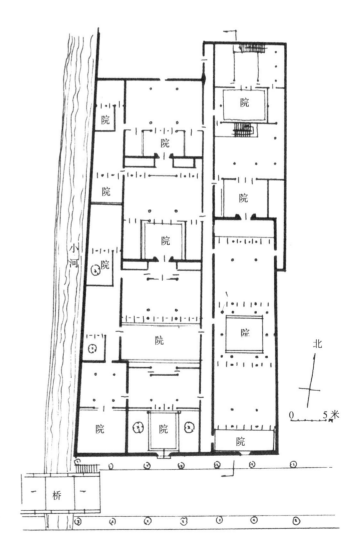

图3-42 东北街旧陈宅平面

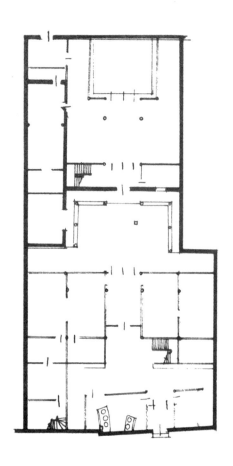

图 3-43 蒲林巷旧吴宅平面

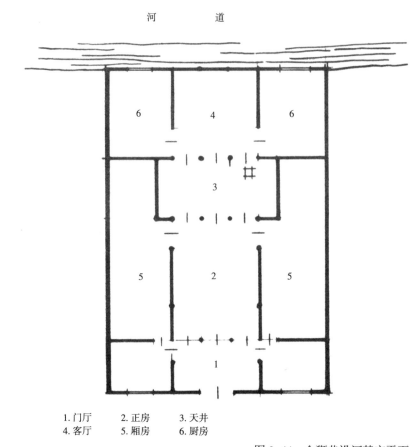

1. 门厅　2. 正房　3. 天井
4. 客厅　5. 厢房　6. 厨房

图 3-44 金狮巷沿河某宅平面

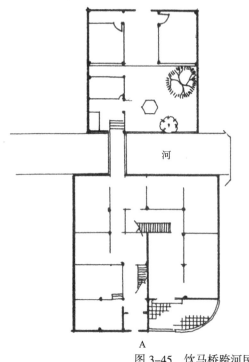

A

图 3-45 饮马桥跨河民居（A—E）

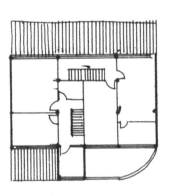

B　跨河民居二层平面

C

E

D

图 3-45 饮马桥跨河民居（续）

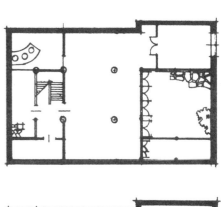

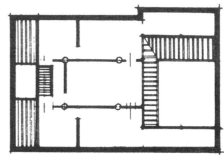

图 3-46 马大箓巷旧张宅平面

第三章 苏州古城民居 59

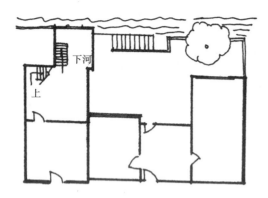

图 3-47　剪金桥巷 3 号、4 号

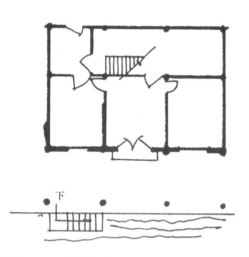

图 3-48　通关桥下塘 8 号

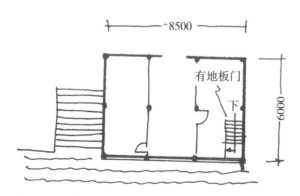

图 3-49　道前街 231 号

（三）苏州民居的主要组成部分

1. 出入口：苏州民居大多有主要及次要两个出入口，大户大宅除前后门外还有边门，大宅中的前门又称正门，临较主要街道，多居轴线位置，有的民居后门是河埠，一般大宅入口为六扇墙门，本身不具有过分突出的尺度或装饰。与宅内的门楼或厅堂相比，入口是很简朴的（图3-50）但某些特权显贵建造的"将军门"则气势雄伟豪华。阔家头巷任宅（图3-51），网狮园的正门，就是一例。

强调入口的方法还有利用广场和照壁墙。当然主要入口都处在正落的中轴线上。

中小型住宅的入口形式就更加简单朴素了（图3-52～图3-54）。

图 3-50　六扇墙门

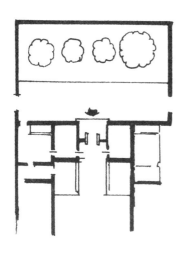

图 3-51 阔家头巷任宅入口

图 3-53 中小型民居入口之二

图 3-52 中小型民居入口之一

图 3-54 中小型民居入口之三

第三章 苏州古城民居 61

2. 门厅：在多进的大宅中，第一进就是门厅，并列的房间包括过厅、门房、账房或诸如供奉祖先牌位、供幼儿读书、家庭裁缝或其他服务人员使用的房间。

3. 轿厅：轿厅在大宅中位于第二进，也有与门厅布置在一起，是供客人或主人上下轿的建筑空间，有的轿厅与门厅有廊子相连。

4. 正厅：是一户或一宅中主要的接待用房，供接待贵宾、婚丧大典之用，是住宅民居建筑群体中的主体，为了加大进深，突出建筑物的高度，大厅一般都采用抬梁结构，为了表现户主的财富与地位，大厅内部建筑构造精巧、装饰华贵，可称雕梁画栋。大厅多采用三至五开间的布局，如图3-55所示为卫道观前潘宅的大厅，开间的宽度由中央向两侧递减，即中间较宽，大厅入口各间为通长落地扇门，可全部开启，大厅内壁柱间设板壁以避免视线直通内院，板壁上悬挂字画、对联、匾额，与室内的家具共同组成了大厅内部丰富多彩的空间，大厅的前后左右都是走廊，走廊还可以与侧面的备弄相连，这种布局使服务人员的往来行走不至于扰大厅中的活动。

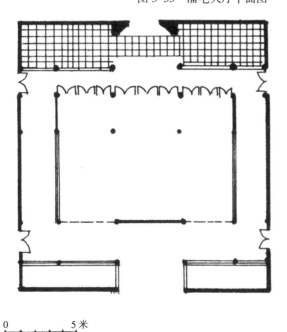

图3-55 潘宅大厅平面图

5. 内厅：内厅设在大厅以后的第四、第五进中，供主人内眷生活起居之用，第五进往往居住家族中最小的女性，又称绣楼，内厅在规模大的民居中常为两层的楼房而且带有两侧的厢房。由于木结构的技术限制以及生活的便利，民居的层数很少超过两层，内厅下层为内眷起居之用，上层为卧室。

6. 厨房、下房及其他服务性用房：布置在住宅的最末端或边落中，可通过后门或经过备弄通向街市或河道。

7. 花厅：在边落的一组建筑中，相应正落中大厅的位置设花厅，花厅前的二进不建房屋而辟为花园，称前花园，前花园与花厅后的天井与花厅本身共同组成一个较主落的正厅更为舒适并更宜于生活起居的空间，这个空间的气氛与正厅完全不同，充满着生活的情趣却又没有另立中心之嫌，铁瓶巷住宅的花厅是很典型的实例（图3-56）这个花厅的前面不仅是一个较大的院子，而且在院子的周围设置围廊，中央有戏台，花厅正面用假山将园子分成三个空间，是苏州现存大宅中、花厅前、花园中规模最大内容最丰富的一个。

8. 庭院：苏州民居中庭院是一个重要的组成部分，苏州的庭院是功能上的需要，也能使空间环境产生极为丰富的变化。庭院与建筑的组合也是苏州民居建筑处理手法的精华所在。苏州民居多为单层坡顶的木结构建筑，多进的院落纵向组成住宅的整体（图3-57），从空间的虚实变化来看，实的是民居中的建筑物而虚的则是向上开敞的庭院空间，"庭"从功能上可以起到采光、通风和排水的作用，大多数的庭进深较浅，与建筑物的高度相比为1∶1左右，结合建筑物的围廊、挑檐使整个住宅内部的交通面积减少，节省了用地也避免了夏季直射的阳光，冬季由于檐部的起挑又能保证室内充足的日照，"庭"中的绿化与园林中的绿化相比较则较简洁典雅，不致形成空间的堵塞。"庭"的又一名称是天井，这更形象地说明了它代表着窄小的室外空间，当"庭"的空间扩大至二倍左右的进深时，我们可以称这样的空间为"院"，如前所说的前花园就是院的一种，其功能已从采光通风扩展到咏诗作画，弹琴下棋，观赏游息的场所，少数院子内部还设有假山、花石、亭、廊等建筑小品，使院内空间更加丰富多变。其他如院墙与建筑之间的小天井、一平方米不到的采光井以至前花园、后花园、宅旁的大园林都可以视作庭院的扩展和变化。苏州民居中，庭院里的绿化和明亮的天光所组成的欢快的色调与建筑物内部的调和与安宁的色调形成强烈的对比，使整个民居内部空间变化无穷，此外，庭院在调节气温，组织通风上更有奇妙的作用。

图3-57 庭院和建筑组合

图3-56 铁瓶巷任宅入口广场及花厅前花园

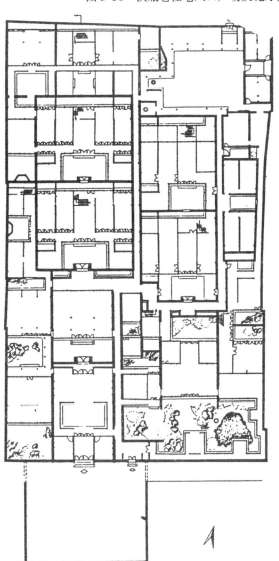

9. 砖雕门楼和院落围墙，大宅中往往各进之间设有围墙和门楼。

门楼的正入口应是建筑物的背面，本可简单地处理立面，但它却又正对着后一进的建筑物，为使整个建筑空间和谐一致，往往以后一进建筑物的重要程度为标准来装饰前一进背面的门楼，苏州门楼的特点之一是用砖砌筑门楼主体并以砖雕刻成仿木结构的牌楼，"楼"下大门厚重，门板上用方砖保护，围墙高而封闭。这样，当每进围墙大门紧闭时便可以使本进形成独立的空间，这种砖木混合的大门，无疑是一种古老的防火防盗门，对住宅内部的私密与安全起着可靠的保障作用。这种两面形式各异，配合建筑需要的砖雕门楼也是苏州古典大宅中建筑艺术处理精华之一。

10. 备弄：在民居的大宅中，各落建筑间有一条1.5米左右宽的通道称为备弄，既是一条内部的防火隔离通道，也是防盗防匪的疏散通道，还可以视作大宅前后左右贯连的服务性通道。

第三章　苏州古城民居　63

11. 大宅中的保温措施：苏州地处温带，夏季最高温度可达39℃；而冬季最冷可到-6℃，因而冬季住宅的保暖也是需要注意的，为了保暖，苏州的住宅采取以下三种措施：A 采用空斗砖砌外围护结构、B 采用各种形式的双层屋面、C 第二层活动落地长窗。关于第二层活动落地长窗是指在内厅的正常门窗内第二条屋檩和柱间安装可装卸的活动落地长窗，这种长窗南北均设，冬季安装以后使原来单层的门窗变为双层，增强了室内的保温效果。

12. 地板门：在绣楼的楼面楼梯处往往装有一扇地板门，门开启后门扇能靠在栏杆上，门关闭后门扇与地板取平，插上门闩则不能上楼，这种地板门能保证闺房中女眷的安全。这种地板门也使用在室内下河的踏步上。

（四）苏州民居的建筑艺术处理

苏州民居外形特点的形成与功能、地形、材料及施工技术条件有关，由于临街面窄小，房屋一般都向纵深发展，因而民居的正立面比较简单，多进的纵深高低错落，形成丰富多姿的侧立面（图3-58）。

传统的地方材料及气候条件使苏州民居具有较统一的色调，即小青瓦屋面、白粉墙与棕红色广漆所形成的灰、白、棕三色的建筑主调。这种主调与江南的绿水绿树共同组成淡雅而恬静的色调。由于色彩上的统一、体型上的多变，使苏州民居的造型既有一致性又有灵活性，可以说是轻盈多姿、变而不乱。

传统的砖雕、木刻、花格等细腻的装修技巧，使民居的建筑细部变化无穷（图3-59）。

图3-59 山墙细部

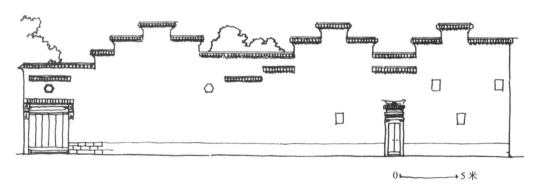

图3-58 廖家巷旧刘宅侧立面图

第四章
苏州村镇民居及建筑处理

苏州市域范围内县属镇及以下的古村镇，都保留有自己的大、中、小型民居，这些建筑中最早的是明代的，以清代的为主，也有民国初期，其基本格局与城内大体一样，但又都有自己的特点，我们按乡镇性质分别予以介绍。

一、水网地区乡镇的商业性民居

水网地区乡镇的商业性民居，也分大、中、小三种类型，黎里镇在主要河道两侧，形成了成片的三或五开间、一落四进或五进式前店后宅大型民居（图4-1）。

昆山周庄沈厅是五开间一落五进式前店后宅式大宅，而更特殊的是路对面与小河之间的狭地上也有五开间二层楼店面（图4-2）。

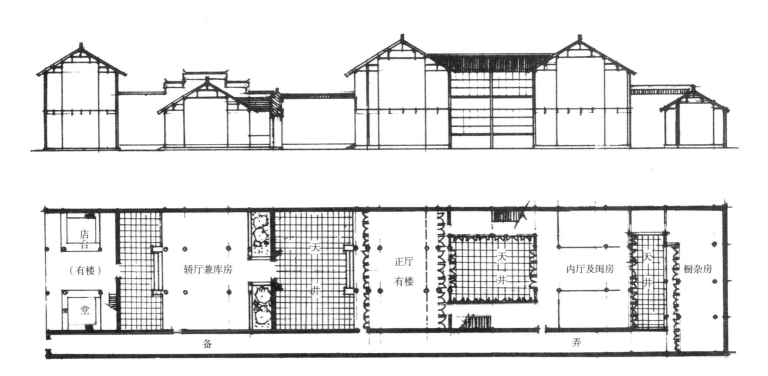

图 4-1　黎里镇浒泾街 14 号民居

特点：1. 三开间一落四进前店后宅大宅。
2. 门厅是店堂有楼。
3. 轿厅与库房联合。
4. 正厅有楼，楼上是主人居住之处。
5. 第五进是闺房。
6. 厢房楼梯间上有地板门。

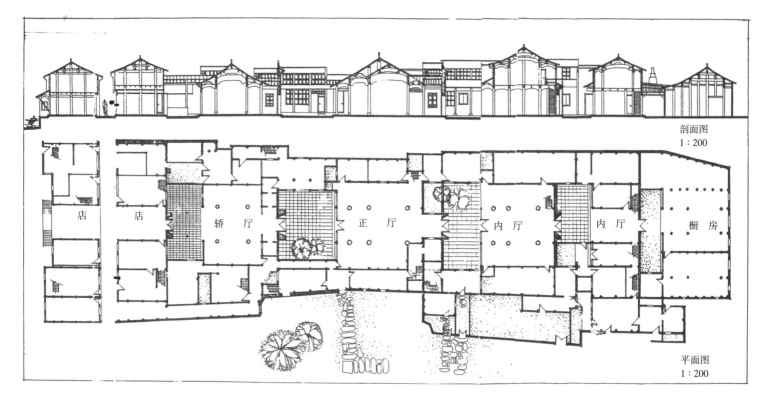

图 4-2 昆山周庄沈厅

特点：1. 五开间一落五进式前店后宅式大宅。
   2. 路前河间也有五开间二层小楼。
   3. 轴线对称。
   4. 两侧附房较大。

在莘塔镇，集镇较小，也就是说他的商业性集散商品的范围较小，这时的商业性民居就出现了下店上宅的骑楼式民居（图4-3）。

这种一落二进四合院式的下店上宅式民居已经摆脱了大型民居那种等级森严的格局，有时候会伸出一条房屋来满足自己家庭使用上的需要（图4-4）。

还有一些小型的下店上宅式民居，有的带有骑楼（图4-5）。

建于路河之间狭窄地带的下店上宅式小型民居。其空间的利用更加巧妙。二层上的屋尖有阁楼，而延伸出去的厨房则更好地利用了空间（图4-6）。

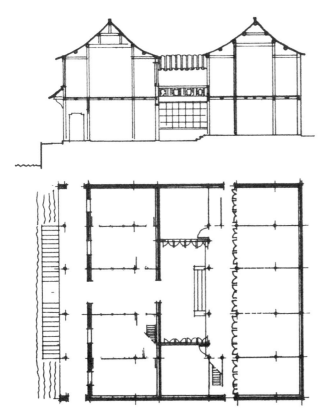

图 4-3 中型骑楼式下店上宅式民居
特点：1. 五开间一落二进式民居。
2. 自成一个四合院。

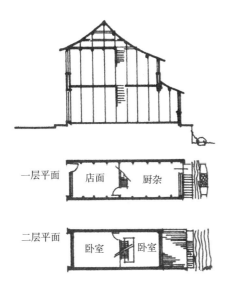

图 4-6 下店上宅式小型民居
特点：1. 楼梯横放。　3. 伸出的后坡是厨房。
2. 利用屋尖做阁楼。　4. 后面是河，可以下台阶上船。

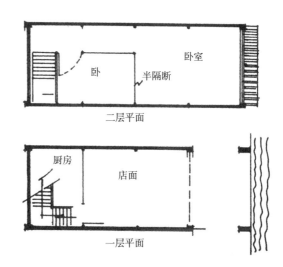

图 4-5 莘塔镇下店上宅式骑楼形小型民居

图 4-4 前店后宅骑楼式中型民居
特点：1. 三开间一落二进四合院式民居。
2. 由于房子不够用而地方又有限，又伸出了三间房子。

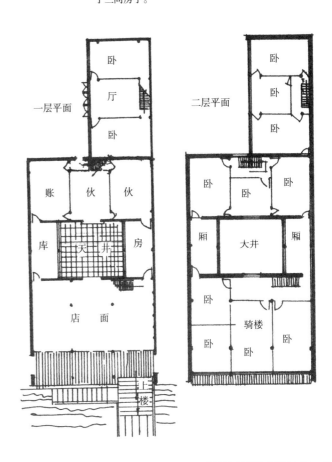

第四章　苏州村镇民居及建筑处理

二、乡镇的非商业性民居

和苏州古城一样，村镇中也有非商业性大、中、小型民居，其中大型民居如常熟市男泾堂42号一落五进式明代大宅（图4-7）。

明代大宅的入口不一定在正中央，特别是在不太大的乡镇中，这种民居往往从边落入口，见图4-8同里镇，新填街122号待卸第大宅平面。

乡镇大宅的内部设置，也受到当时宗教因素的影响，吴江县同里古镇新填街叶家墙门叶宅是二落五进式古典大宅。明代同里古镇佛教盛行，该大宅正厅后第四进是佛堂而不是内厅，第五进才是内厅，而且佛堂与内厅有一横向走道隔开，以保持清净。在边落有花厅，花厅内落地长窗是活动的，取掉就成一五开间大厅，有今天活动隔断之功能，船厅外形及窗都做成船型，很有特色（图4-9）。

在山区，大宅平面布局比较自由，不像市区那样，一落一落分得很清，而是二落之间互相组合得十分自然，见图4-10明善堂。

杨湾叶宅，是山区二落四进式大宅，他既保持了门厅、正厅、内厅的格局，又有花厅在正厅一侧，空间利用合理，内厅特别宽，五开间，中轴线不在一条线上，布置灵活自由，见图4-11杨湾叶宅平面。

山区的大宅有时由于地形的变化，轴线也随之变化，吴县西山梧巷凤宅是最突出的例子。该宅原是西山镇守史宅第，由于道路是南北向，而且在山坡上，整个大宅入口濒路，将军门二层楼，备弄入口突出，因地势而上升，气势雄壮，进门厅，轿厅后，正厅成正南向，折70度（图4-12）。

在乡镇中目前保存下来进深最多的是吴江黎里镇的一落九进大宅，由于当地文化艺术的发达及主人的文化水平较高，对建筑都有影响，例如各个厅堂都起了很雅致的名字，如一落九进中的正厅叫"洪寿堂"、第五进叫"洛雅草堂"、第九进叫"古芬山馆"等（图4-13）。

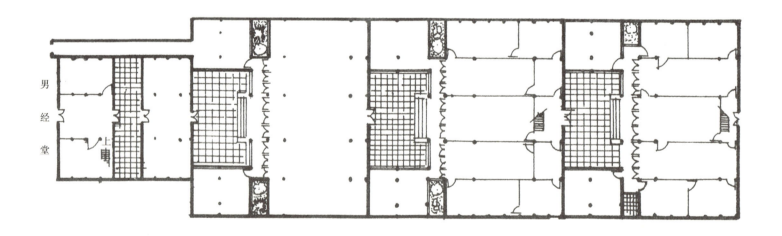

图4-7 常熟市男泾堂42号明代大宅
特点：1. 三开间一落五进式大宅。
2. 轴线对称。
3. 大厅前有厢房，备弄与厢房相通。
4. 正厅与厢房间有小天井，这种处理手法，使结构简单，正厅采光、通风较好，避免了黑房间。
5. 门厅有楼。

图 4-8　吴江县同里镇新填街 122 号待卸弟大宅

特点：1. 建筑与道路斜交门口出现三角形广场。
　　　2. 入口不在正落。
　　　3. 勒脚上用砖雕。
　　　4. 中央开间明显较大。

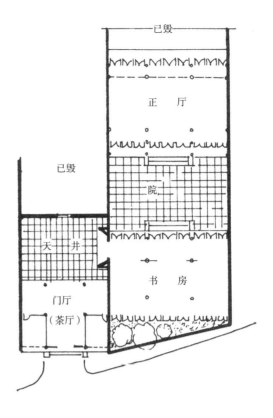

图 4-9　吴江县同里镇叶家墙门叶宅

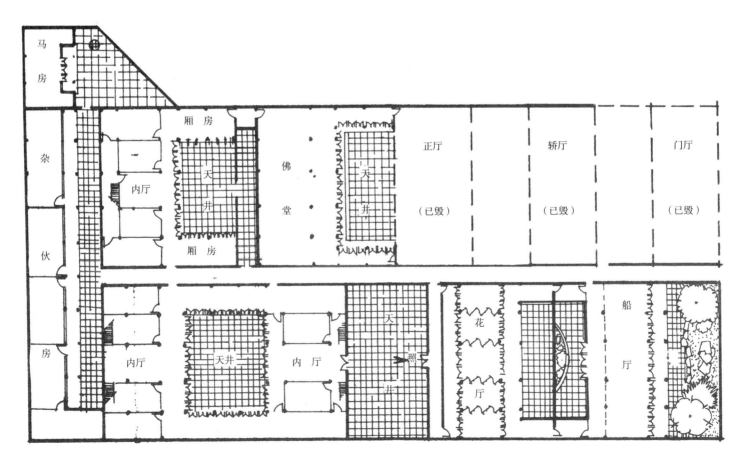

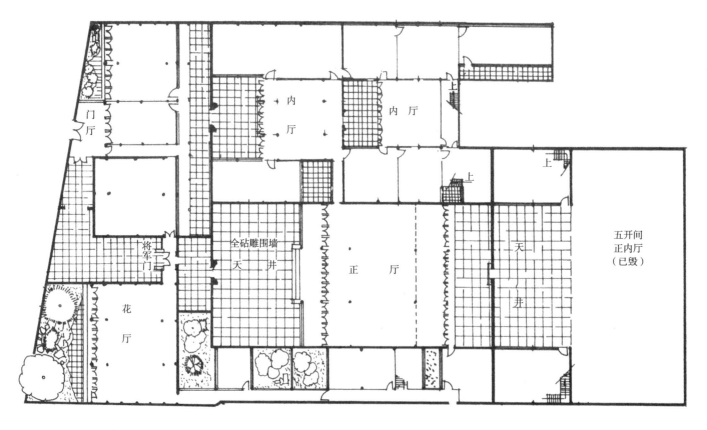

图 4-10 吴县东山明善堂

图 4-11 杨湾叶宅平面

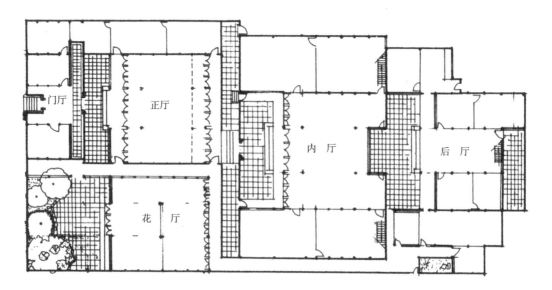

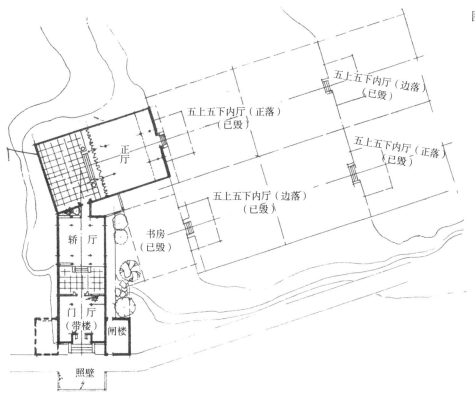

图 4-12　吴县西山梧巷夙宅平面

特点：1. 由于道路南北向而正门朝东。
2. 将军门为二层。
3. 两侧有闸楼。
4. 中轴线过轿厅后折成南北向。
5. 正厅前院全部砖雕围墙。

图 4-13　黎里一落九进大宅平面图

水网地区乡镇非商业性中型民居，同里三元街 67 号某宅是一个很有代表性的例子，门前有路而且比较开阔，路边有下河的踏步，轴线对称，门外边设有石条长凳，门厅为二层，没有轿厅，第二进即正厅，第三进是内厅，第四进也是内厅，厨房在侧面，有备弄，总的规模要小得多（图 4-14）。

陆巷"遂高堂"是一个布局很规矩但是没门厅、轿厅的宅院（图 4-15）。

图 4-15　东山镇、陆巷"遂高堂"

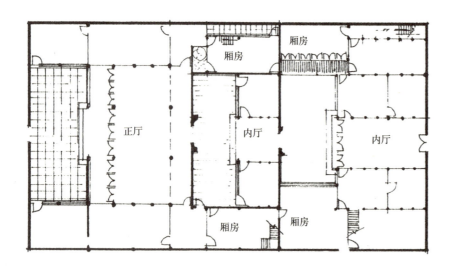

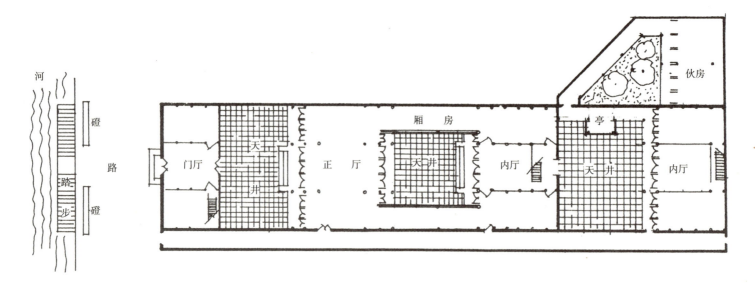

图 4-14　同里三元街 67 号某宅平面图

杨湾朱宅，内厅只有一进，没有骄厅，门厅边及内厅后都多出一大间房子（图4-16）。

吴县西山明湾镇汪宅，入口不在正轴线上，正厅内厅在一条轴线上，门厅在边落而且有楼，俗称闸楼，边落是书房，后面是厨房。重要厅堂也都起了名字，正厅叫"礼和堂"，书房叫"南寿轩"，是一个吊篮厅结构，前面有花园，安静典雅，最特别的是"南寿轩"为了体现"寿"字，梁上的短柱，小梁都做成如意式样，别具一格，是建筑结构配合建筑主题的典型（图4-17、图4-18）。

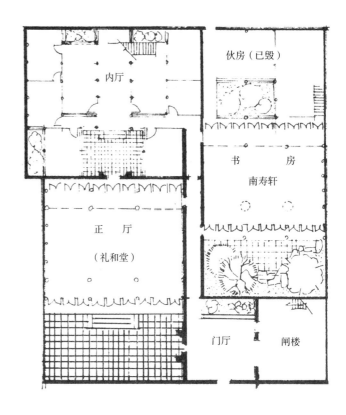

图4-17 吴县西山明湾汪宅平面图

图4-16 东山镇杨湾朱宅平面图

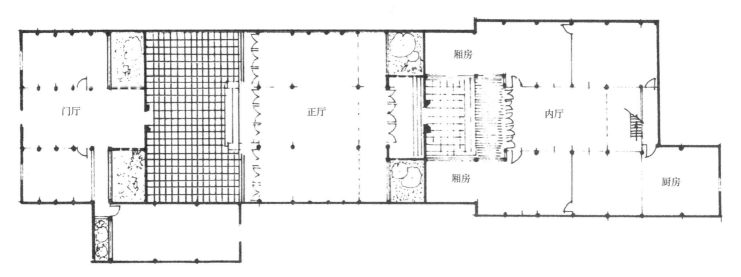

东山镇、杨湾王宅,更是利用地形建造的布置灵活的实例,首先是由于在坡地上建房,入口处理成内凹式将军门,地面逐步上升,进进升高,轴线逐步偏西,以致同一进房间,次间可以比明间大,很是少见(图4-19)。

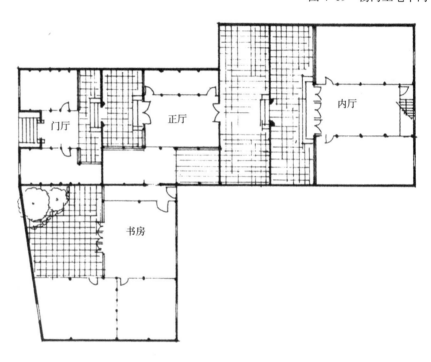

图 4-19 杨湾王宅平门

图 4-18 汪宅南寿轩透视图

吴县西山蔡宅（在蔡镇）更是将入口广场都放在边落第一进的位置，正轴线上是三进，有正厅及两个带厢房的内厅，书房和厨房在一侧的边落中，正落与边落中有备弄，备弄转弯处有灯龛，书房前后有院（图4-20）。

同里新填河小型民居是一落两进式，布局比较简单，吸收保持了大宅中最基本的手法，只有门厅和内厅，非常实用（图4-21）。

杨湾冯宅也是一个一落二进式小型民居，但他的特别之处在于进门是院，不是门厅，这在苏州民居中非常少见，而且第一进、第二进形成了一个内四合院（图4-22）。

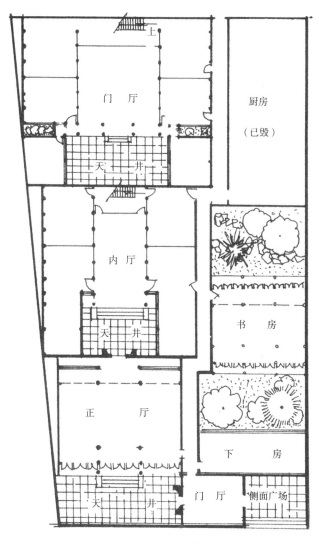

图4-20 吴县西山东蔡镇蔡宅平面图

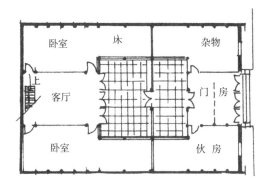

图4-21 同里新镇街，一落两进式小型民居

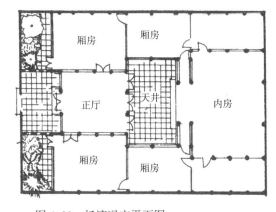

图4-22 杨湾冯宅平面图

图4-23 围墙檐下雕饰

三、砖雕围墙及装饰

文化型古镇许多大宅中有砖雕围墙，大多在主厅前院，也有的在内厅前院，显得庄重华贵。

砖雕围墙的处理手法，是把整个围墙的一个面作为一个整体来对待，上面是脊和瓦顶，下面做一二层砖椽子和望砖出檐，再下面是几层砖做的挑檐桁条，挑檐下面有砖制斗栱。斗栱间有非常精细的楼空砖雕花饰，花饰及斗栱下面有的是悬雕图案（图4-23），有的在这个部位雕成故事或戏曲的情节。西山梧巷夙宅就在这个部位雕成了全本西厢记的戏曲情节，其高度在3.3～3.7米之间，从人的视线效果来看，或在主厅前台阶上远看，（5米外）是一整条装饰效果很好的砖雕带，离墙2.0米近看时抬头45°，可以比较清楚地看到每一幅砖雕的细节和匠人的刀法技艺。

图4-24　二开间农房

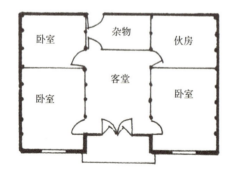

图4-25　三开间农房

四、乡村民居

乡村民居（指乡村中的农民住房）根据自身生活和生产的需要形成了自己的特点，而平原与山区，由于生产对象的不一样，农民住房也不太一样。

（一）平原型农房

平原型农房一般是条形平房布局，有二间户、三间户、四间户不等，开间较宽，一般3.6～4.0米，朝向一般都朝南，个别的朝东。

进门一般是堂屋或叫客堂（起居室），自堂屋通入卧室，杂物房和厨房。堂屋是会客用餐及室内农副业劳动的地方。大门前面是晒场，晒谷物，打场都在这里。见图4-24～图4-26平原地区二开间、三开间、四开间农房。

二开间农房是农村小家庭用的，夫妻二人加一个小孩。当家中有老人时或者孩子多或者孩子长大了时，房子不够用了，可以在堂屋的外墙一面加一间房子发展成三开间农房，当人更多或家庭条件比原来有改善时可以建四室户（把两个二开间农房对接起来）。

堂屋，是会客、聚会、就餐和进行家庭农副业劳动的地方。杂物间主要放一些不宜放在外面的中小型农具。厨房较大，一年用的粮食都放在厨房里，由于相当多的农户还用柴当燃料，所以厨房里有单眼或双眼的烧柴灶。有时客堂南墙退进一步檩，这样大门口就有一个廊檐，也有的农房将厨房放在室外后院之中。

农房的构造，一般也用穿斗式与抬梁式合建的传统木结构，二开间农房中间一榀是抬梁式构架，山墙是穿斗式构架，三开间农房中间榀用抬梁式构架，其所以这样是在房屋扩建时有可能形成大堂屋，外墙一般用空斗墙。而内隔断有用半砖墙的，也有用木板隔断的，这些内隔断一般只有檐口那么高，上面都是透通的。

农房中比较特殊的是双层木大门（详见构造部分）外面是一个半高带栅栏木门，里面的才是全木板门，只关上木栅栏门时，可使采光通风效果改善，而鸡、狗、猪等动物不会进室内以保持室内卫生。

农房中的地面一般用夯土地面，没有吊顶檩条上铺半园椽子，椽子上铺望砖，望砖上是小青瓦，举架一般是前三后四，屋脊前面三步檩屋脊后面四步檩，形成一种前高后低的室内，空间利用合理，而且节省材料。建筑外形也有些变化。

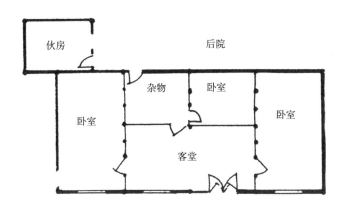

图 4-26 四开间农房

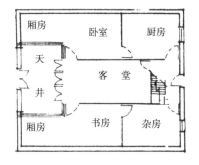

图 4-30 山区农房典型平面图

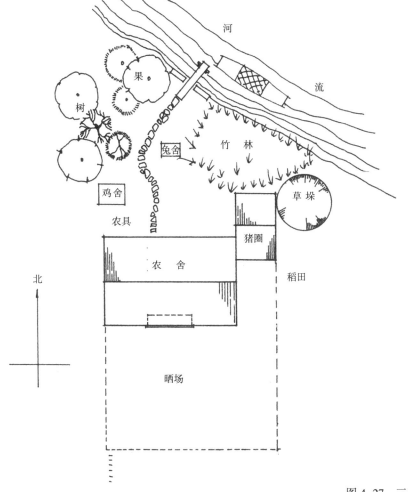

图 4-27 三开间农房前后院布置平面图

第四章 苏州村镇民居及建筑处理

农房装饰非常简朴,只是在山墙檐口处做些墀头,屋脊两头做点云头而已。

(二)平原型农房的院落布置

由于农业生产的需要在农宅前有一晒场,用以打谷,还要养猪,有猪舍及鸡舍、鸭舍,大多养猫、狗或鹅,有条件的宅第周围种些果树或竹林,草垛及大农具都放在后院(图4-27)。

(三)平原型农房居民点布局

平原型农房一般成条形联合成行列式居民点,在农房南面有场,场南靠近前面一排房子的后院是道路(图4-28)。当沿河在河南建房而河又不是正南北,正东西向时,农房有时也成退差式布置,也有时兄弟建房围成院落,这时大哥房屋朝南,而弟弟的房子朝东或西(图4-29)。

(四)山地农房

苏州市域范围内,山地很少,以吴县东山西山等地较为集中,山地人民以种植果树为主要生产,不像种地那样要晒场及放大型农具,所以没有前后院。比较典型的有一种三开间带两厢房的平面用得较多,类似一颗印的布置,但没有楼房(图4-30)。

图4-28 俞庄行列式居民点

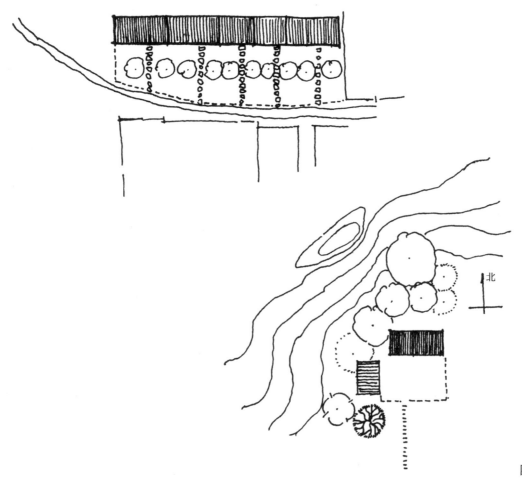

图4-29 上方后山院落式居民点

第五章
苏州民居构造

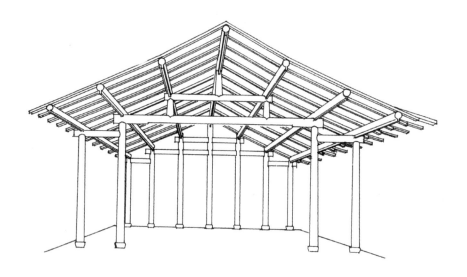

苏州民居的建筑结构不只是起着骨架作用，它经过巧妙的艺术加工，还具有装饰作用。苏州民居结构的装饰虽不能和宫殿、庙宇等大型建筑的结构相比，但不论民居的规模大小，特别是一些大宅，都将构件程度不同地加以装饰，有着良好的装饰效果。

苏州的工艺美术素以精细雅致、工巧秀丽闻名。苏州香山帮工匠在长期的建筑实践中也形成了精工细作的传统技艺。因此，苏州民居的木梁架、装修、砖作、石作等都表现出形式多样、构造精巧、装饰雅致的特色，具有很高的文化艺术内涵和鲜明的地方风格。

一、地基处理

苏州山区产石，房屋的基础材料多用石料。由于墙体主要起围蔽作用，所以其基础深度一般较浅，并根据房屋的大小和土质相应决定。工匠在实践中总结出：实滚墙高一丈，基础深一尺；花滚墙高一丈，基础深七寸；单丁墙高一丈，基础深五寸。（各种墙的砌法见墙一节，此度量尺为十进位鲁班尺，每寸等于2.75厘米）。平房墙的基础一般深60厘米左右，楼房墙的基础一般深80厘米左右。柱的基础开挖较深，不同位置的柱根据承受荷重的大小相应开挖基础深度。

土壤如为生土或土质密实，将开挖后的基础槽夯实后即砌筑基础，如土质差，则须加夯石丁后再砌筑基础，柱基础由于承受荷重较大，一般都用石丁，石丁不宜过长，因在搬运和施工中易折断。短石丁长约40～60厘米，长石丁长约70～100厘米，石丁上端约20～25厘米见方，下端呈尖锥形。在墙基础下石丁一般为两行或三行交错布置，在柱础下石丁为梅花形布置。石丁上铺厚约20厘米左右，宽约30厘米左右的石块，铺一皮石块称一领一叠石，铺两皮石块称一领二叠石……土质差时有一领五叠石的做法（图5-1）。叠石上驳砌石条，一般石条规格不须统一，考究的做法则石条规格较整齐，也有用砖代替石条的形式。

石条或砖砌平至室外地面高度时，沿房屋四周砌一皮石条（称土衬石），上砌侧塘石，其皮数根据房屋基座的高度而定，土衬石和侧塘石上下错缝，考究的在侧塘石内用丁头石以增强牢度。侧塘石上平砌阶沿石，其宽度约20～35厘米，少数大宅的阶沿石宽达50厘米，阶沿石厚度一般为15～20厘米，其长度不等，以和开间的长度等长为好。阶沿石下踏步称副阶沿石，宽度多在30厘米以内，高度多在12～14厘米之间。踏步两旁为菱角石，其宽度和踏步的宽度相等，菱角石多为三角形，少数为长方形，有的雕饰花纹。石料为冷叠，不用灰砂砌筑，局部空隙用楔形小薄石片塞平（图5-2、图5-3）。

室内填土须逐皮夯实平整，方砖铺地用厚约4厘米的细砂垫底，方砖之间用油灰嵌缝。

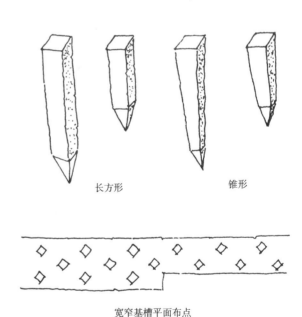

图5-1 石丁图

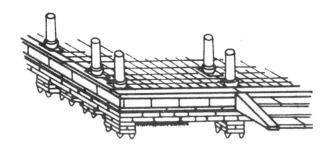

图 5-2 基座图

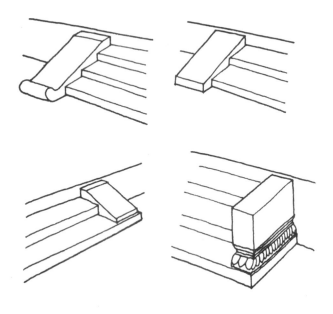

图 5-3 菱角石图

二、鼓磴

鼓磴即柱础，因民居中大都用圆鼓形柱础所以形象地称鼓磴，鼓磴还有械形和方形，这三种形式的鼓磴在形体、比例和细部处理上都有不同的变化，使鼓磴形式显得多样。鼓磴所用材料有木和石，木鼓磴多用在明末清初的建筑上，石鼓磴用的较普遍，它有抗压、防潮和不易磨损的优点。

石质鼓形鼓磴的高度一般为柱的直径的十分之七，石鼓磴表面一般不施雕饰，仅有一些具有一定规模的住宅在鼓磴上施以雕饰，花纹简繁不一，形式多样。东山某宅的鼓磴面上下各为一圈珠形花纹，形式简洁；西山某宅鼓磴面中部为宽2厘米的光面，并雕阴线三路，其余部分錾成毛面，形成对比；常熟翁宅大厅鼓磴面雕有包袱锦形式的图案，以和梁架上的包袱锦彩画上下呼应；另一鼓磴面上是和明代长窗门心板上相似的各种花草图案（图 5-4、图 5-5）。木鼓形鼓磴的高度较低，有的仅高 10 厘米，呈扁圆鼓形，东山某宅的木鼓磴做法别致，即木柱直接立于磉石上，木柱下端周围削去约 1 厘米厚度，外面紧贴两段圆鼓形木料，形似一个完整的圆鼓磴（图 5-6）。

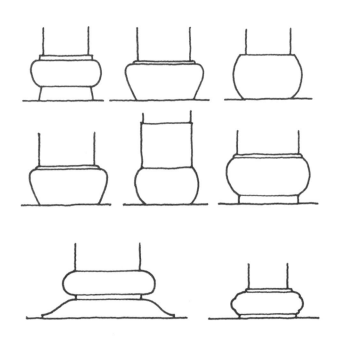

图 5-4 各种鼓形鼓磴图

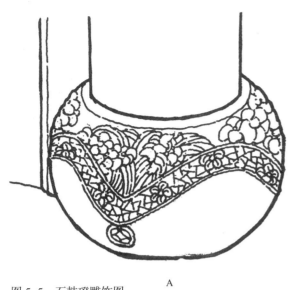

图 5-5　石鼓磴雕饰图

图 5-6　木鼓形鼓磴图

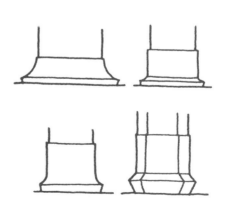

图 5-7　榀形鼓磴图

第五章　苏州民居构造　85

梯形鼓磴的高度大于鼓磴上端的直径，显得挺拔有力，石质梯形鼓磴较多，有圆形和八角形两种形式，鼓磴表面上一般不施雕饰（图 5-7、图 5-8）。

方形鼓磴呈立方体形式的较少，大都是方形为主体而四角为鼓形的形式。常熟赵宅装饰柱下鼓磴形似四块木板相叠而成，较为特殊（图 5-9）。

鼓磴上端中心处凿有深和直径各为 1 寸的凹洞，木柱底中心则作榫头，这样便于木柱安装定位，也起着加强联结的作用（图 5-10）。有的木柱下端有宽、深各约 1 寸余的十字槽，使空气能流入，这对木柱下端有一定的防潮作用（图 5-11）。

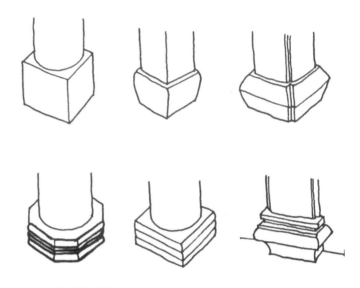

图 5-9　方形鼓磴图

 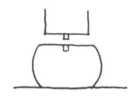

图 5-11　木柱下端十字槽图　　图 5-10　鼓磴和木柱联结图

三、梁架

苏州民居的木梁架称贴，梁架的组合形式称贴式，位于明间的梁架称正贴，位于次间山墙的梁架称边贴。木梁架的基本形式是桁条水平距离相等的四架梁叠梁式梁架，称为内四界，其大梁上立矮柱称童柱，童柱上搁二架梁称山界梁，梁上立童柱搁脊桁。较小的房屋的边贴为穿斗式梁架，即每根桁条下立柱承载屋面的重量。较大的房屋的边贴常减去脊柱前后的两根柱子，用川梁（称双步）连系脊柱和步柱，双步上立童柱搁桁条（图 5-12）。较大的房屋的梁架用料较大，减去两根柱子并不影响梁架的受力性能，反而使山墙墙面显得开敞。另一种梁架形式称回顶，在山界梁左右分别立童柱搁桁条，形成中间无脊桁的五架梁，回顶也有三界梁的形式。回顶中间的界深为前后界深的四分之三，各界界深相等的形式较少，脊椽呈弯曲状，

图 5-8　石梯鼓磴图

其上有草脊桁。回顶的边贴形式同正贴形式，不用穿斗式梁架。在内四界和回顶的前后加柱梁，可以组合成多种形式（图5-13、图5-14）。

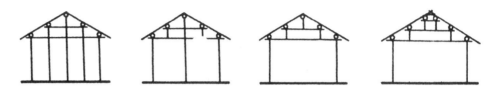

图5-12 抬梁式穿逗式屋架透视图

图5-13 梁架基本形式图

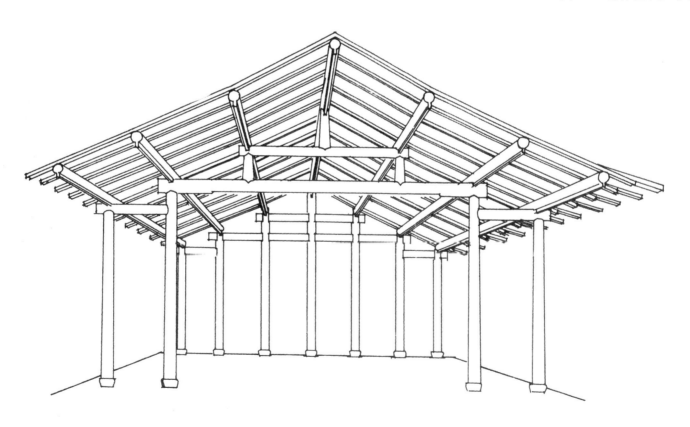

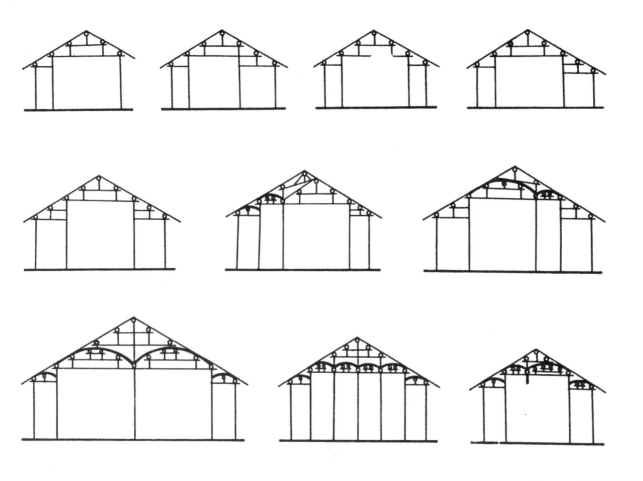

图 5-14 梁架组合形式图

厅堂是民居的主要建筑，其贴式也较多，有如下形式：

（一）圆堂

梁架用圆料，内四界前加二架，内四界后加两架梁，形成前檐高后檐低的八架梁形式（图 5-15）。

（二）扁作厅

梁架为扁方料，一般厅的梁架形式同圆堂，大型厅堂的梁架形式为内四界前加深两界的轩（轩详见后节），其上形成草架，轩前再加一界称廊轩，内四界后为两架梁称双步，也有内四界后为深一界的后廊。这种梁架形式进深大，室内空间高敞（图 5-16）。

（三）鸳鸯厅

厅的平面前后对称，脊柱前后梁架分别为扁作和圆料，两者之间为草架，前后檐为廊轩，其上椽的形式也各不相同，所以称为鸳鸯厅。脊柱间多用纱隔和罩分隔，厅的南半部和北半部分别适用于冬季和夏季活动（图 5-17）。

（四）满轩

厅的梁架形式为数轩相连，进深大的房屋用四轩相连，进深小的房屋用三轩相连，由于用轩，室内空间不宜高，而轩以上的草架空间较大（图 5-18）。

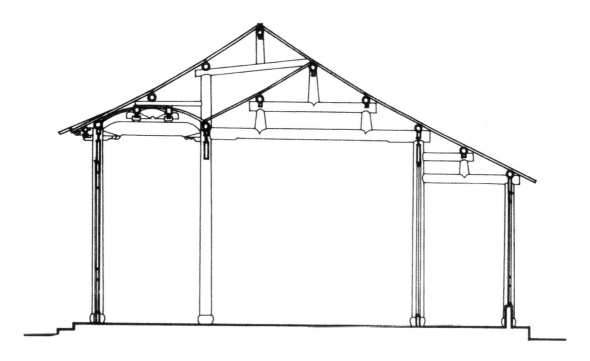

图 5-15 圆堂梁架形式图

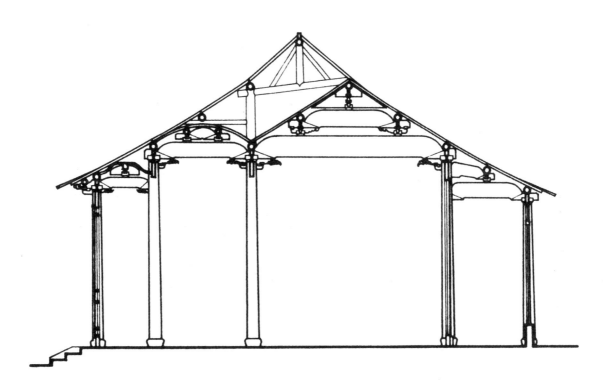

图 5-16 扁作厅梁架形式图

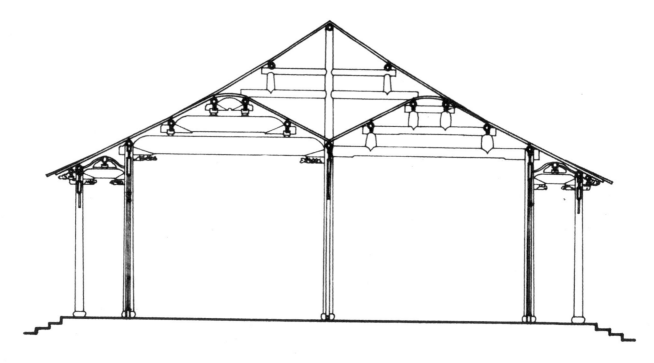

图 5-17 鸳鸯厅梁架形式图

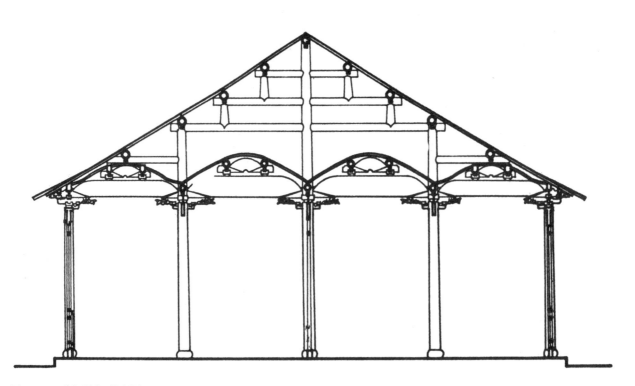

图 5-18 满轩梁架形式图

（五）贡式厅

贡式厅的特点是梁架形式并无定制。主要是梁架用扁方料，梁两端向下弯曲成软带形，并仿照圆料的做法。因此厅的进深不宜大，显得精巧秀丽（图 5-19）。

（六）花篮厅

这是一种梁架形式别致的厅堂，其特点是前步柱或前后步柱悬在室内上空，柱下端雕缕成花篮形。花篮厅梁架形式变化较多，小型的以内四界、或五界回顶、或贡式三界回顶为主体，前后加轩，较大的花篮厅在上述形式的前轩前加廊轩。此外还有贡式花篮厅、满轩式花篮厅和鸳鸯花篮厅等形式（图 5-20）。

花篮柱用铁环悬吊在搁置在两侧山墙的桁条上，柱上开榫孔，两边各用楔形铁销固定，也有悬吊在通长的枋子

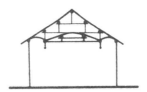
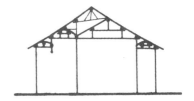
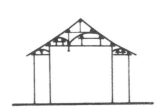
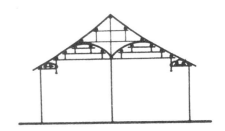

图 5-20　花篮厅形式图

图 5-19　贡式厅形式图

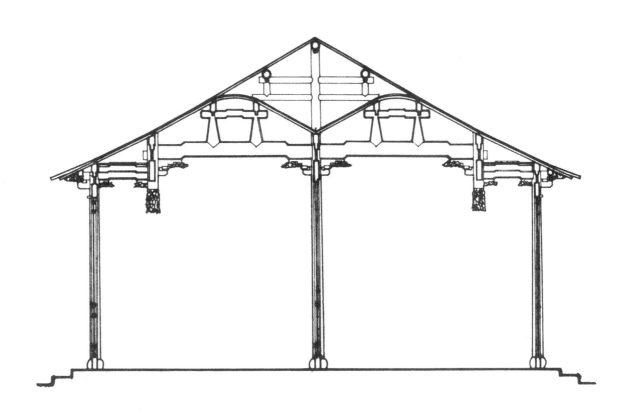

上，则在吊柱上端开叉用销钉穿过柱枋加固，吊柱上开榫口搁置轩梁和大梁。由于吊柱不落地，它所承受的荷重是通过通长的桁条或枋子传递到两侧边贴的步柱上（图5-21）。由于采用悬吊结构，轩梁、大梁和通长桁条或枋子的长度都不宜过大，所以花篮厅的开间和进深比一般厅堂要小（图5-22）。

楼房也有在底层作花篮厅的形式，即将步柱悬在室内相应位置的放大截面的格栅上，并作扁作大梁和轩（图5-23）。

图5-22 花篮厅图

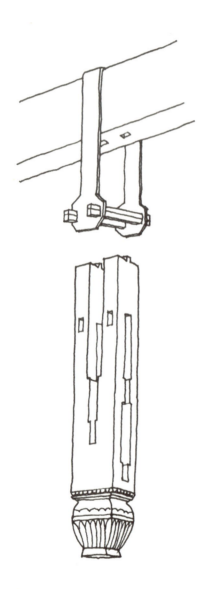

图5-21 花篮厅吊柱构造图

图5-23 花篮楼厅图

楼房多为二层，三层很少，楼房上层梁架形式和平房梁架形式相同，但楼房进深一般较浅，多以内四界为基本形式，在前后分别加川和双步，或前后分别加双步。楼层在进深方向搁大梁称承重，其上为搁栅、楼板。规模较大的楼层常在楼上、楼下分别做轩，这种形式称楼厅。一般在楼下做前轩，楼层承重为扁作梁形式，同轩相协调。楼房梁架由于上层前后出跳和缩进的变化可形成多种形式。

（一）骑廊

楼房底层内四界前立廊柱深二界，多为船蓬轩和鹤胫轩，上层廊柱立于轩内，半窗下为单坡屋面。骑廊也可在楼后，或楼前后都有骑廊。

（二）副檐

楼房底层前或后加廊柱，上为单坡屋面，屋面下也可做轩。

（三）挑层

底层大梁挑出廊柱外，梁端上立柱楣桁条、椽子，上为屋面。挑层多在楼房前，楼房后一般不挑出，如果挑出也较小（详见挑层一节）。

此外，还有挑阳台和雀宿檐等形式。这些形式和梁架的基本形式灵活组合，形成多种形式，如有前副檐后骑廊、前副檐后挑层、前挑层后雀宿檐、前后雀宿檐等。三层楼房多为第二层挑出、第三层相应底层缩进，也有形式较特殊的做法，如苏州某宅第二层前挑出阳台，第三层前缩进为副檐，后为雀缩檐。苏州城区临河楼房多上层缩进，梁架形式较自由灵活（图 5-24 ~ 图 5-26）。

梁架构件主要在梁、柱头上加以装饰。圆作梁架形式

图 5-24 二层楼房梁架形式图

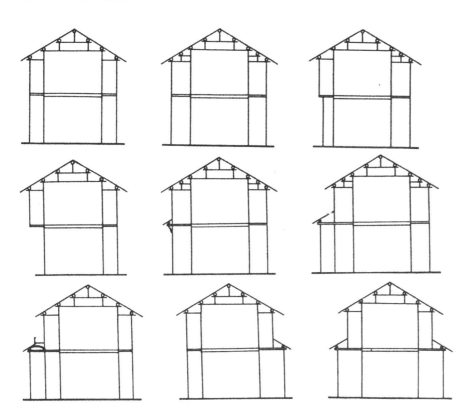

简洁，大梁、山界梁和川的底面均在界深一半处作挖底处理，使梁两端略低于中部，梁底显得有变化，并在视觉上避免梁中部有下垂的感觉。扁作梁断面为长方形，采用拼高的做法，扁作梁梁底也作挖底处理，并在梁端作卷杀、剥腮。卷杀是梁两端从桁条内侧连机面处开始向上作圆弧曲线，在界深一半处和梁背直线相连。这样可使梁两端和屋面斜度大致平行，便于铺椽做屋面。剥腮是梁两端呈三角形的在左右各锯去五分之一的厚度，梁端减小厚度后便于搁置在柱上，外观也显得轻巧。梁上一般沿梁边浅雕线脚，梁两端作卷草花纹，或为牡丹等花纹，有的厅堂在梁上满布雕饰，给人以强烈的印象。梁端下有如意卷纹形的梁垫和雕饰金兰、牡丹等镂空花纹的蜂头。拱形的蒲鞋头和山界的寒梢拱都用扩大承载梁的面积以加强稳固的作用，把结构和装饰结合起来。大型厅堂有的在脊桁处置山雾云、抱梁云，填补了山间的空间，显得雕饰精美。大梁端部形似帽翅的称棹木，俗称有棹木的厅堂为纱帽厅（图5-27～图5-30）。

图 5-25 三层楼房梁架形式图

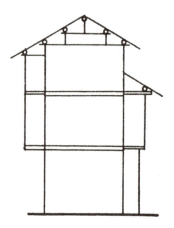

图 5-26 临河楼房梁架形式图

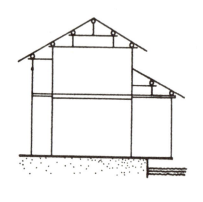

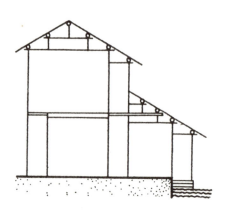

图 5-30 棹木图

图 5-29 山雾云、抱梁云图

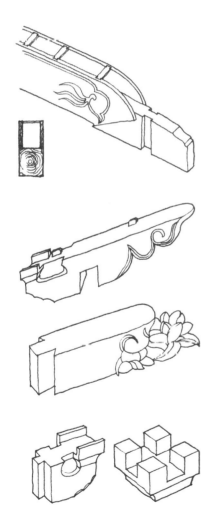

图 5-27 扁作梁详图

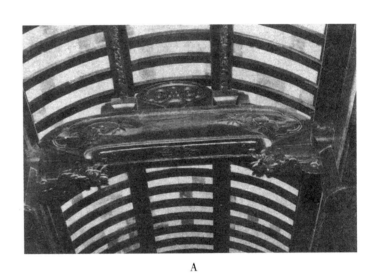

图 5-28 扁作梁构件图

第五章 苏州民居构造 95

四、轩

轩大都用在较大住宅的厅堂中，形式别致。轩位于内四界前，在前后两柱间的木梁架下另作对称形式的梁架、搁桁条和椽子，上铺方砖，在室内形成又一个空间。轩和内四界上的梁架是一个封闭的空间，梁架构件做工粗糙，不施油漆，称草架。轩梁底和内四界大梁底的高度相等的形式称抬头轩，轩梁底的高度低于内四界大梁底的高度的形式称磕头轩，轩梁底稍低于大梁底的形式称半磕头轩（图5-31）。

轩根据椽子形状的不同有茶壶挡轩、弓形轩、一枝香轩、船蓬轩、鹤胫轩、菱角轩、海棠轩等形式（图5-32）。茶壶档轩和弓形轩形式简单，茶壶档轩是将椽子中部高起一望砖的厚度，底部呈茶壶底形，弓形轩是将轩梁和椽子上弯呈弓形。这两种轩的进深较小，茶壶档轩一般为三尺半~四尺半，弓形轩一般为四尺~五尺，多用于廊轩。一枝香轩是在轩梁中部置斗。斗上搁轩桁，椽弯曲成鹤胫形或菱角形，轩的进深一般为四尺半~五尺半，一枝香轩多用于较大的厅堂的廊轩。船蓬轩、菱角轩、鹤胫轩均为三界，进深一般为六尺~八尺，有的深达十尺。这三种轩都用于内轩。轩椽如为直椽，其上直接铺望砖和瓦，轩椽如为弯椽，其上须用直椽，上铺望砖和瓦。为防止灰尘落入室内，在轩椽的望砖上铺竹帘或芦席，并粉刷灰砂以防止望砖滑动，望砖接缝处须磨平相接密实。除茶壶档轩梁和圆料船蓬轩的轩梁为圆料外，其他轩梁均为扁作。轩梁两端仿内四界扁作大梁作剥腮处理，梁上挖底，用梁垫蜂头，蒲鞋头只用在进深较大的轩上。轩梁上置斗两个则承置荷包梁，梁中部下端挖成半脐形，梁上端呈圆弧形。各神形式的弯椽是在整块木料上划线锯成，木料须用木质较坚硬的木料，以樟木为好。

厅堂内用轩有以下优点：

- 厅堂是住宅的活动中心，须有较大的空间，如果用一幅大跨度的梁架，要用较大的木料，梁架断面也相应粗大笨重。而用轩就缩小了木梁架的跨度，不须大木料同样能加大房屋的进深。

- 用轩后，室内空间有主有次，统一中有变化。同时便于用装修分隔和装饰空间。

- 轩和屋面间的封闭空间形成防寒隔热层，对室内保持冬暖夏凉起到了良好的作用。

早在明代"园冶"一书中就记载了草架的文字和图（图5-33）。这说明最迟在明代，轩已普遍用于江南的建筑上。

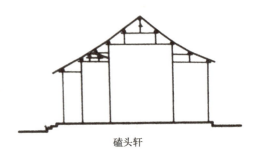

磕头轩

抬头轩

A

图5-31 厅堂轩的位置图

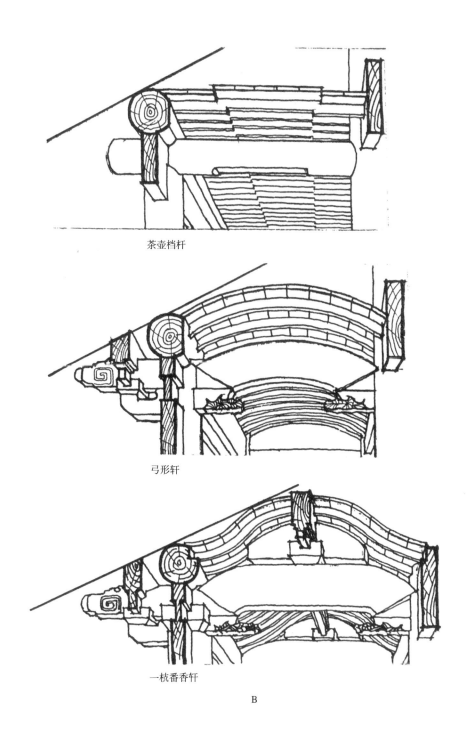

茶壶档杆

弓形轩

一枝番香轩

B

图 5-31 厅堂轩的位置图（续）

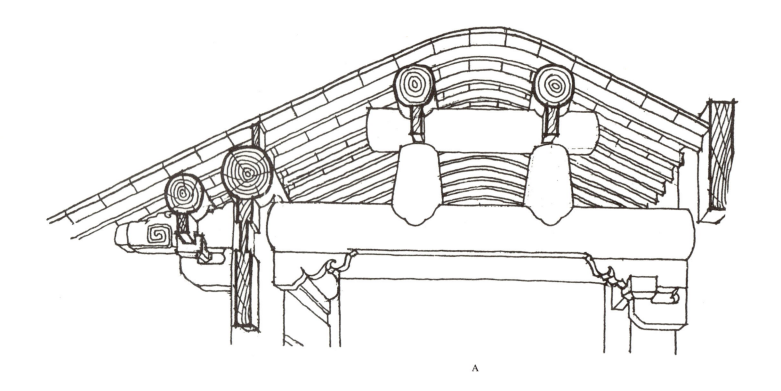

A

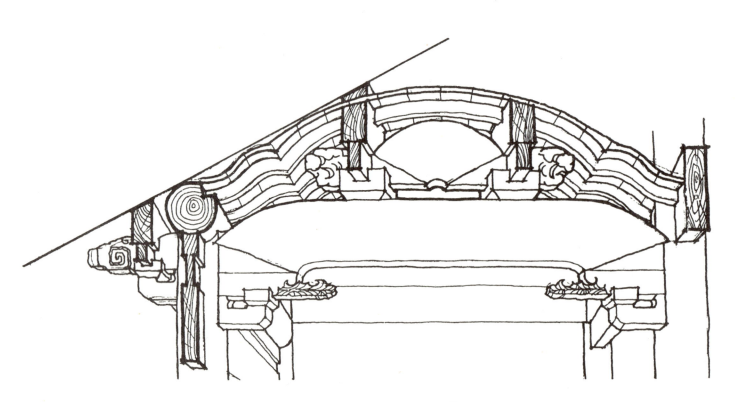

B

图 5-32　各种轩的形式图

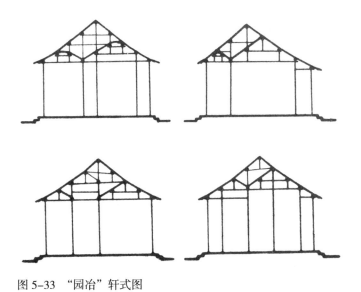

图 5-33 "园冶"轩式图

图 5-35 挑层图

图 5-34 挑层剖面形式图

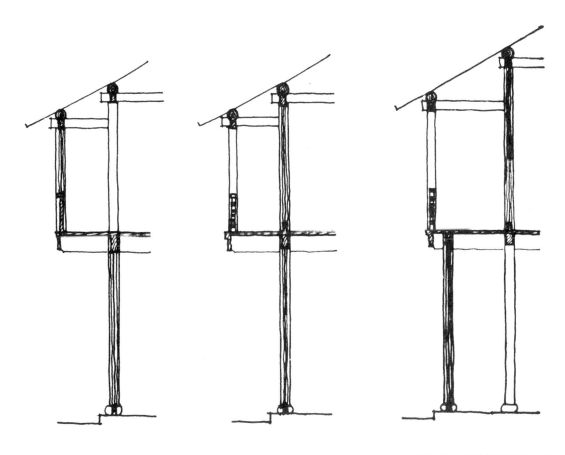

第五章 苏州民居构造 99

五、挑层

苏州民居中的楼房常有上层挑出的形式，它占天不占地，扩大了上层空间，增加了使用面积。小城镇沿街楼房普遍采用这种形式，挑出的楼层对底层起着雨篷的作用，房屋的外形也显得有变化。

楼层大梁挑出一般为二尺左右，在梁端立柱并用短川连接正步柱。上层廊柱间多装设半窗，窗下为裙板，也有半窗下外为栏杆，内为木板的做法。大梁挑出较大时常在廊柱间装设栏杆形成外廊，大梁挑出较小时常将长窗装设在缩进的步柱间，形成较宽敞的外廊，便于活动（图5-34～图5-36）。另一种形式是大梁挑出后，梁端不立柱，上设水磨砖栏杆形成阳台。阳台一般挑出较小，栏杆较低，如网师园住宅部分花厅的楼层阳台栏杆仅高30厘米，小巧别致。水磨砖的栏杆不仅经久耐用，它还同木装修有着不同的色彩和质感，形成较和谐的对比，素雅精致。阳台下多设轩，增添了装饰性（图5-37、图5-38）。

楼层挑出，半窗下的裙板就成为重点装饰部位，较简单的形式是将裙板下端略伸出柏口枋下，枋的下端有半圆形、长圆形、三角形等形式，连续的花纹具有动态感（图5-39）。另一种形式是将半窗下分成三段：连楹（半窗下通长的木料挖洞插入半窗摇梗）、裙板、裙边，较简单的形式是裙边仅为2～3路线脚，裙板和线脚不施雕饰，有的是将中间一路线脚放宽，上有稍凸出的菱形、回形等花纹，简洁疏朗。另一种形式是把裙边作为重点装饰，裙边有五～六路线脚，每路线脚的宽窄和花纹都不相同，上下线脚用宽同窄、凸同凹、实体花纹同镂空花纹相间形成对比。裙边图案为二方连续图案，常用的花纹有缠枝纹、绳纹、莲瓣纹、乳钉纹、云雷纹、卷草纹、垂帘纹等，后两种花纹多分别用在最上和最下两路线脚上。这些花纹都是用较薄的木板雕镂后分段钉在柏口枋上。裙板用宽约15厘米左右的木板拼接，一般不作雕饰，少数房屋将每开间裙板用中梃分隔成3～5方，每方裙板上浅雕花纹，多为花卉、卷草、琴棋书画等图案。建造年代较近的房屋有在裙板外加铸铁镂空花饰的形式（图5-40～图5-43）。

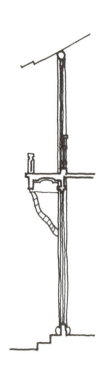

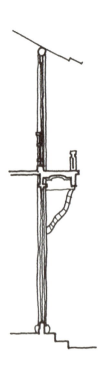

图5-36 挑层图　　　　　　图5-37 网师园住宅楼厅阳台

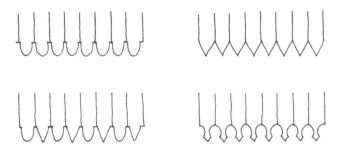

图 5-39 裙板下端常见形式图

图 5-38 网师园住宅楼厅阳台图

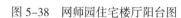

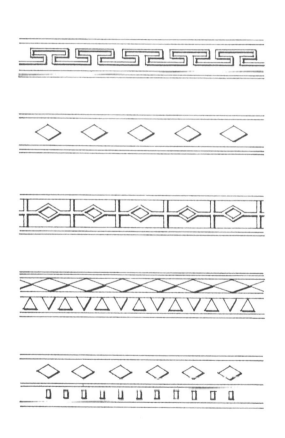

图 5-40 裙边常见花纹图

图 5-41 裙边雕饰图

六、屋顶

苏州民居的屋顶多为硬山顶，形式单一，但屋脊式样较多，有游脊、甘蔗脊、纹头脊、雌毛脊和哺鸡脊等形式。屋脊分为上、下两部分，下部用砖在房屋两坡的交接处砌成截面近方形的攀脊，其两端自山墙向上成斜面挑出，并用花边瓦覆面称老瓦头，屋脊上部用瓦。游脊形式最简单，用在简易房屋上，其攀脊较低，攀脊面离屋面盖瓦面2～3寸，上部的瓦自脊中向两端对称的斜铺，端部常用花边瓦稍稍挑出作结束处理。甘蔗脊、纹头脊多用在一般房屋上，甘蔗脊的攀脊也较低，上部瓦直立砌筑，两端粉刷成回纹形式。纹头脊在缩进山墙约40厘米处将攀脊抬高，下作勾子头，使脊向两端微微翘起，攀脊上用望砖砌1～2路瓦条，上部瓦直立砌筑，两端为挑出的纹头形，有的为卷草形，端庄中显得轻巧。雌毛脊多用在一般房屋上，也有少数厅堂用此脊，它的特点是两端为形式轻盈的鸥尾形状，这是利用钉在脊桁上的铁板挑出而成。哺鸡脊是民居中屋脊等级最高的形式，用在厅堂的屋顶上。为同高大的厅堂相协调，攀脊高度较高，用筒瓦左右对合砌成滚筒，中间空隙用灰砂和碎砖瓦填实。滚筒上用望砖片2～3路瓦条，其上直立铺瓦，粉灰砂压顶，脊两端为砖窑烧制的成品哺鸡（图5-44～图5-46）。

内四界为回顶的屋顶，其上无草架时，多用特制的黄瓜环瓦覆盖在房屋两坡的交接处，形成简洁柔和的轮廓线（图5-47）。

图 5-42 裙边雕饰图

图 5-43 裙板雕饰图

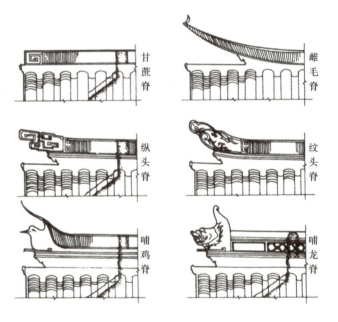

图 5-44 各种层脊形式图

图 5-46 纹头脊图

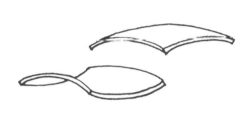

图 5-47 黄爪环瓦图

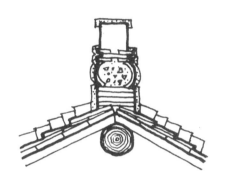

图 5-45 屋脊构造图

除进深较小的简易房屋外，屋面都呈凹曲线，这是由于自檐桁至脊桁前后两根桁条的水平距离虽然相等，但两根桁条间的高度却逐渐增高所形成。苏州工匠称此法为"提栈"，吴语提是升高的意思，栈为坡陡的意思。提栈和宋营造法式的举折同样是决定屋面坡度的方法，但提栈是自下而上逐渐提高屋面坡度，高度和曲率同时决定，举折是先决定屋顶高度再决定屋面坡度，由上而下完成。两者相比，提栈方法简便，并能适应各种大小不同建筑屋面排水坡度的要求。

提栈的计算单位为算，提栈自三算半起，以半算为递加数，四算、四算半……最高为十算，第一算称起算，三算半表示前后桁条的高度为其界深的十分之三点五。不同类型的建筑有不同的提栈，工匠有"租四、民五、堂六、厅七、殿庭八"的做法，租四，简易的进深较小的房屋，提栈只用一个四算，屋面呈直线。民五，一般房屋，"民房六界用两个"，起算为四算，金柱为四算半，脊柱为五算。堂六，普通圆堂，一般进深六架至七架，提栈用三个，即由起算起依次为四算、五算、六算。厅堂，一般进深七至八架，提栈用三个，即由起算起依次为五算、六算、七算。殿庭为高大殿宇，殿宇八界用四个，即提栈依次为五算、六算、七算、八算。由上可以看出，房屋愈大，其提栈个数就用的多，起算也大。提栈的数级采用等差递加法，有的大型厅堂为表现气魄，须加高屋顶高度，则采用逐架加算的方法。如六架圆堂，起算为四算半，第二架为五算，第三架为六算，提栈差数成倍增加（图5-48）。

根据实测，有些民居的提栈并不是严格按照上面的计算方法，局部有些调整，因为民居毕竟不是官式建筑，做法灵活。

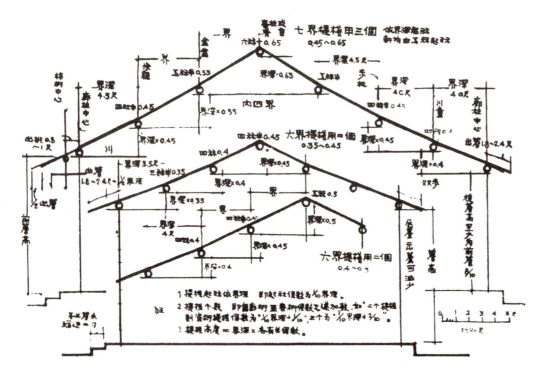

图 5-48 提栈图

图 5-49 雀宿檐剖面图

屋檐出檐的多少以界深为标准，一般为界深的二分之一，一般从 1.8~2.4 尺，有飞椽时，其出檐为檐椽出檐的一半。房屋有廊轩时常在廊柱外加梓桁，廊柱中至梓桁中为 0.8~1 尺。屋后檐比前檐出檐稍短。

雀宿檐是一种形式轻巧美观、能避雨遮阳的单坡小屋檐，它利用廊柱出挑短梁，梁上搁桁条椽子铺望砖和瓦。为增强牢固，梁端有斜撑支撑，斜撑以弯曲成鹤胫形的较多，多雕饰竹节、竹叶、花卉等花纹，斜撑也有其他一些形式。为加强装饰，檐下多作吊柱，柱头雕饰成花篮形，枋下有雀替或较简单的挂落，檐下梁架多为茶壶档轩或弧度较小的船蓬轩（图 5-49~图 5-52）。

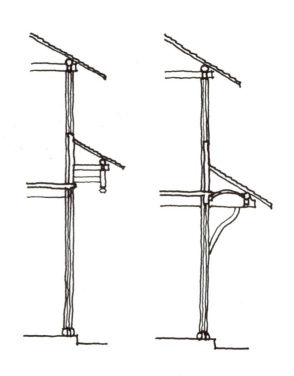

图 5-50 雀宿檐图

图 5-51 雀宿檐图

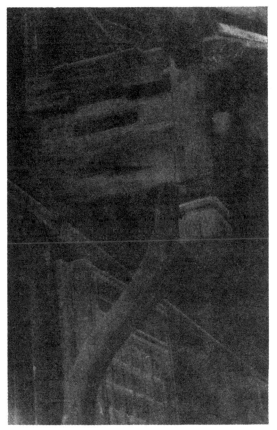

图 5-52 雀宿檐斜撑图

屋面构造较简单，桁条上搁椽，椽上铺望砖和小青瓦，瓦底一般不铺灰砂，只在檐口和屋脊处铺灰砂用以窝瓦。铺瓦须先做好屋脊，然后从上至下、从中间向两边依次施工，底瓦大头向上，盖瓦大头向下，以利于排水。东山少数住宅的屋面构造较特殊，一种是桁条上密铺方木椽子，上铺望砖和瓦，另一种是桁条上铺厚1寸余的木板，板上铺方砖和瓦。这种做法主要考虑安全，也对屋面隔热防寒有利（图 5-53）。

苏州民居的屋顶虽以硬山顶为主要形式，但街巷转角处民居为结合环境，常作不对称形式。这些房屋以硬山顶为主体，利用桁条、角梁、斜撑的灵活处理，使屋顶显得外形活泼（图 5-54、图 5-55）。

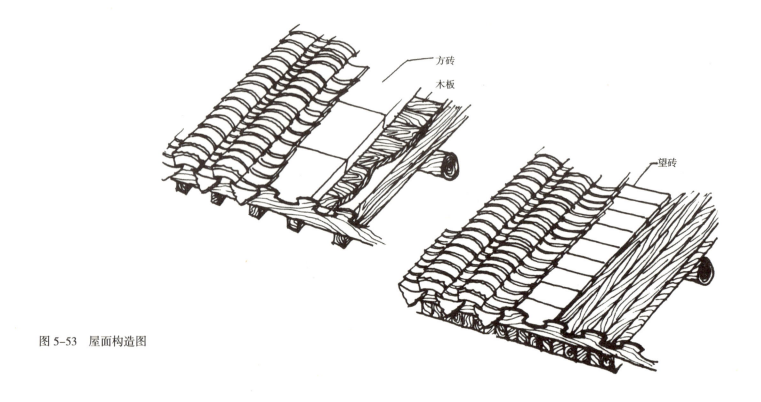

图 5-53 屋面构造图

图 5-54 街巷转角屋顶形式图

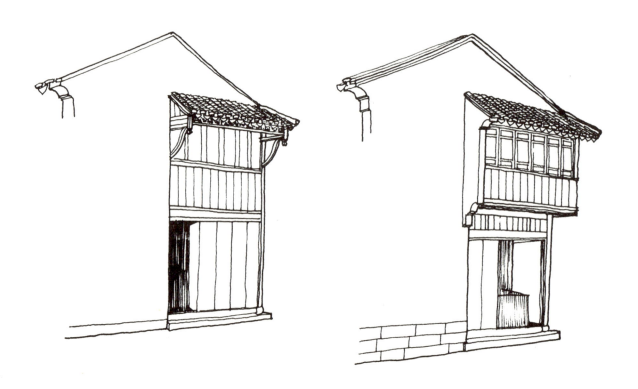

图 5-55 街巷转角屋顶形式图

七、门

民居临街外门有以下数种形式：

（一）挞门式

这种形式多用在较简易的一开间的房屋上，门边墙常无法开窗，根据开间宽度的不同可作一门一挞式或一门二挞式。门为单扇，挞分为上下两部分，上部为木板窗，可撑起采光通风，下部为可装卸的裙板，使用灵活。这类房屋的开间多在3米左右，进深多在5米以内，居住者多为城市平民。也有少数二层楼房将下层做成挞门式（图5-56、图5-57）。

（二）石库门

在门厅外墙或院墙上开设宽约1米余高约2米余的门洞，多设两扇门。门框为石料，门上横梁有两种形式，一种是用条石，多在横梁两端下搁雀替形短石料，既缩小了横梁的跨度，又增添了装饰性。另一种是将横梁两端向下伸长10余厘米呈"冂"形，使横梁受力性能增强，门框显得开敞庄重（图5-58～图5-60）。

东山、西山民居常有在石库门上做门罩的形式。较多的是用砖砌外施粉刷，考究的用水磨砖贴面，披檐除用小青瓦屋面外，较小的披檐多用大块方砖斜铺作屋面，有着构造简单、施工方便和形式简洁的特点。有些窗上也作披檐（图5-61～图5-64）。

（三）墙门式

稍具规模的住宅的门厅多为三开间房屋，在正间檐桁下装设板门，一般为六扇，门第显贵者用四扇。板门外常用竹片贴面称竹丝墙门，兼有保护和装饰门扇的作用。竹片有满钉在门扇上的，也有只钉在门扇的下部的。竹片一般宽约2厘米，长度根据图案而定，有横条、竖条、席纹、菱形纹等形式。门两旁作形似砖墩的垛头，考究的用水磨砖贴面。垛头上部承托檐口部分的形式有飞砖、壶细口、吞金、书卷、朝板等形式（图5-65～图5-69）。

将军门：大型住宅的门厅进深四界，在脊桁下居中装设将军门两扇，门扇用框档外钉木板。门扇额枋上有圆柱形门簪称阀阅，前端雕成葵花形，门簪上置匾额。门扇下为可装卸高约70厘米的门槛，又称门挡。门扇两旁有抱

图 5-56　一门两挞式图

图 5-57　二层挞门图

图 5-59　石库门门框图

图 5-58　石库门门框形式图

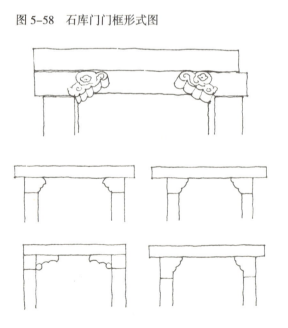

108　苏州民居

图 5-60 石库门门框图

图 5-61 门罩图

图 5-62 门罩图

图 5-64 门罩图

第五章 苏州民居构造 109

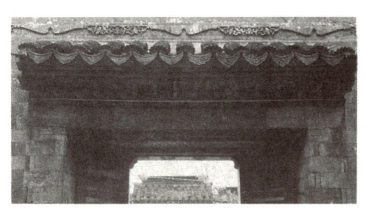

图 5-63 门罩图

图 5-65 墙门图

图 5-66 竹片门图

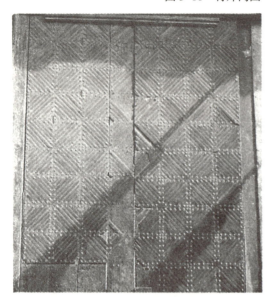

图 5-67 竹片门图案图

110 苏州民居

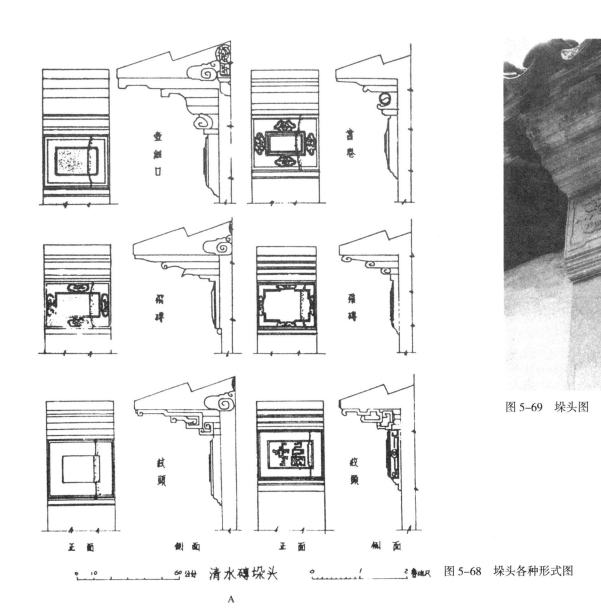

图 5-69 垛头图

图 5-68 垛头各种形式图

图 5-71 将军门图

鼓石（称砷石）一对，砷石下部是长方形呈须弥座形式的基座，砷石上部为圆鼓形，雕饰花纹。村镇较大民居的规模虽不如城市大宅，也喜用将军门形式，但门的尺度较小，砷石上部多为方形，略加雕饰（图 5-70 ~ 图 5-74）。

少数民居的门厅为两层建筑，多在正间门上做披檐，上层为半窗，也有上层对外不设窗，面向天井一面设半窗。披檐出檐多在 70 ~ 80 厘米之间（图 5-75、图 5-76）。

矮挞是装设在门外侧的一种形式特殊的门扇，它有高

图 5-70 将军门图

图 5-68 垛头各种形式图（续）

图 5-73 圆形抱鼓石图

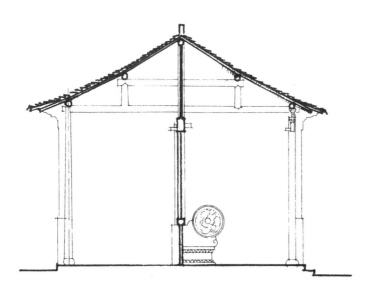

图 5-72 将军门剖面图

图 5-76 楼房门厅图

图 5-75 楼房门厅图

图 5-74 方形抱鼓石图

低两种形式。高的矮挞和门扇高度相同，上部为镂空花格，下部为夹堂和裙板，低矮挞高约1米余，形式简单。高矮挞多用在墙门中间两扇门的位置上，石库门装设高矮挞的也较多，低矮挞多用在较小的民居和村镇房屋上。同里某宅矮挞用木棍拼接而成，意求坚固。矮挞在门扇打开时，隔绝内外，但仍能起着内外相望和采光通风的作用，所以成为苏州地区民居喜用的一种门扇（图5-77～图5-80）。

图5-80 木棍拼接的矮挞图

图5-79 低矮挞图

图5-78 矮挞图

图5-77 矮挞图

八、窗

常见的窗有长窗、半窗、横风窗和合窗等形式，其中以长窗和半窗在民居中使用最普遍。厅堂一般为三开间，多是三开间都设长窗，或中间设长窗，两边次间为半窗或和合窗。长窗和半窗大都是每开间装设六扇，装设四扇和八扇长窗的较少，根据开间的大小相应决定。和合窗多是上下两扇固定，中扇用摘钩支撑，和合窗下一般不作半墙，常外为栏杆，内为木板。房屋檐口较高时，在长窗、半窗和合窗之上装设横风窗，一般不开启（图 5-81 ~ 图 5-85）。

图 5-82　某宅大厅长窗图

图 5-83　网师园住宅厅堂长窗、半窗图

图 5-81　网师园住宅大厅长窗图

图 5-84 某宅和合窗图

图 5-85 某宅和合窗图

小城镇沿街二层楼房的上层多为半窗，窗扇形式多样。有的窗扇都有内心仔，花纹多简洁；有的是中间两扇有内心仔，其余数扇为木板窗；有的半窗全为木板窗扇，但中间两扇的正中开设小方洞，后两种形式虚实对比强烈。另一种是两层窗形式，外为木板窗，内为有心仔的半窗，还有外为半窗，内装栏杆，都有利于安全（图 5-86）。

长窗、半窗的内心仔花纹形式多样，一般民居长窗、半窗的内心仔花纹简洁，多为书条和以书条为基础加以变化。常用的花纹有万川、回纹、书条、冰纹、八角、六角、灯景、井子嵌凌等式，每种花纹又有一些变化。长窗的内心仔间原装设小方块的蛎壳用以采光，后来才改用玻璃。横风窗和合窗内心仔的花纹大体根据长窗和半窗的内心仔花纹形式。长窗的夹堂和裙板一般浅雕锣圈纹，裙板常成为重点装饰处，花纹多雕如意、花卉、静物（琴棋书画）等形式，也有以戏曲人物故事为题材。裙板仅一面有雕饰，另一面为光面。一般是窗向室内推开时，裙板向外的一面作雕饰，窗向室外推开时，裙板向内的一面作雕饰，这样使人能看到裙板上的雕饰。纱隔形式和长窗相似，只是在内心仔后多用木板，其上糊裱书画（图 5-87 ~ 图 5-91）。

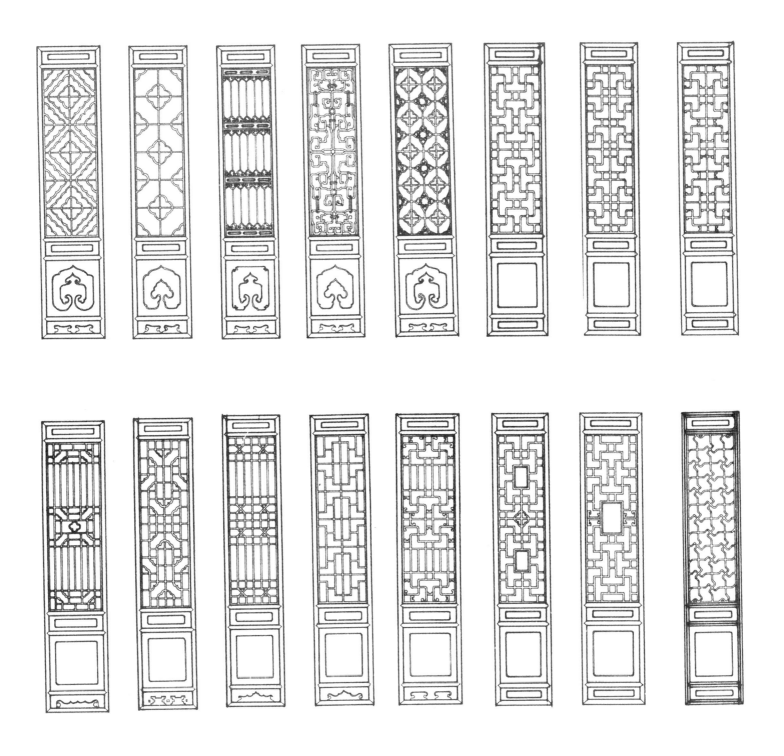

图 5-87 长窗内心仔花纹图

图 5-87 长窗内心仔花纹图（续）

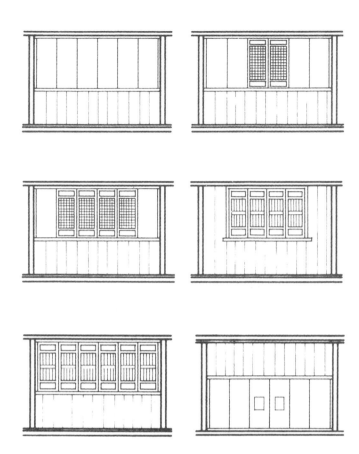

图 5-86 民居各种半窗形式图

图 5-89 长窗裙板雕饰图

图 5-88 半窗和合窗内心仔花纹图

A

C

B

D

图 5-90 长窗裙板雕饰图

图5-91　长窗裙板雕饰图

九、挂落和栏杆

挂落和栏杆都是装设在柱间的装修。厅堂的外廊和走廊的柱间装挂落，其花纹有万川、藤茎和冰纹三种形式，以万川用得最多。万川是以万字为基本图案，根据开间的长度加以组合成规则的图案，挂落中间和两端向下突出，对称中显得有变化。挂落左、右、上三面边框稍宽于挂落条，两旁边框下端多呈如意钩头形，边框用竹销固定在柱和枋上，有的柱和边框间用短抱柱。万川有宫式和葵式两种形式，宫式的挂落条为直条，葵式的挂落条端部弯起作钩形装饰，显得精致。藤茎挂落的挂落条断面为形似藤茎的圆形或椭圆形，并巧妙地将挂落条交接处做成像藤茎互相串联的形式，构图自由灵活。冰纹挂落的花格尺寸较小，用短直条组合成不规则的三角形和多边形，为连接牢固须四面有边框，这种形式用得较少（图5-92、图5-93）。

罩可以说是挂落的发展，罩两端向下突出较长的称飞罩，比挂落稍长的称挂落飞罩，两端触地的为落地罩。罩有藤茎、乱纹、雀梅、松鼠合桃、整纹、喜桃藤等式样，落地罩内框有方、圆、八角等形式。罩的构造大致和挂落相同，但飞罩和落地罩有用整块或数块木料雕空而成，木料以银杏、花梨等优质材料为好，罩多用于室内（图5-94、图5-95）。

栏杆装设在走廊两柱间作为栏护用，栏杆装设在半窗和合窗下则起着半墙的作用。栏杆有高低两种形式，低栏杆称半栏，高约1.5～2.2尺，上有宽约5寸厚3寸的坐槛，可供人坐息，高栏杆的高度没有定制，主要根据房屋的高低相应而定，一般都在1米以上，栏杆装设在柱间须在柱旁设短抱柱，栏杆上搁捺槛。栏杆的花纹有万川、一根藤、整纹、乱纹、回纹、笔管等形式，以万川用得最多，一般栏杆的花纹和长窗、短窗的花纹相协调（图5-96～图5-99）。

图 5-92 藤茎挂落图

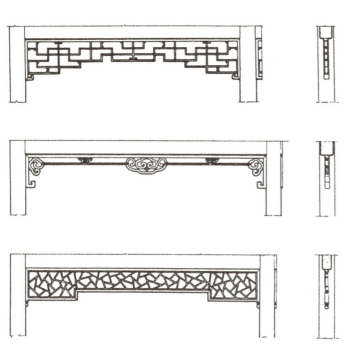

图 5-93 藤茎挂落图

图 5-94 挂落飞罩数种形式图

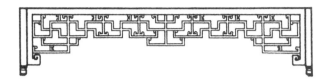

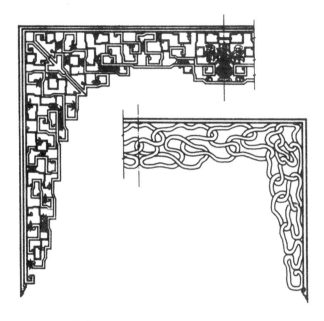

图 5-95 挂落图

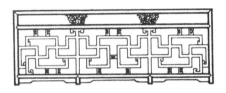

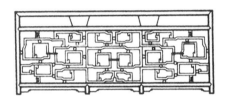

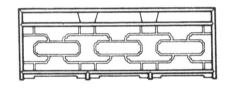

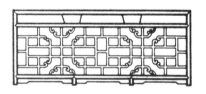

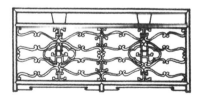

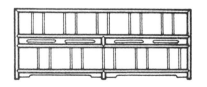

图 5-97 高、低栏杆图

图 5-96 木栏杆数种形式图

图 5-98　木栏杆图

图 5-99　木栏杆图

吴王靠多用在住宅花园内临水的亭榭楼阁廊柱间，靠背弯曲成鹅胫曲线，下为高约 50 厘米的坐槛，供人坐着依靠休息。其边框两端底部和坐板用榫卯结合，其上端用铁钩和柱联结。吴王靠花纹有笔管和万字等形式（图 5-100、图 5-101）。

图 5-101 吴王靠图

图 5-100 吴王靠图

十、墙

房屋前后檐墙砌至檐口处有两种形式，出檐椽露出墙外称出檐墙，出檐椽用砖逐皮挑出包砌椽头称包檐墙。简易房屋的包檐墙挑出较小，仅出挑两皮砖，下无抛枋。挑出较多时用木板砌在墙内承受檐口重量，木板下粉成葫芦形曲线，通长的抛枋也有用水磨砖贴面的做法（图5-102）。

苏州民居多用硬山顶，山墙外墙面一般不作处理，东山、西山民居喜在山尖处用砖砌成凸出墙面的博风形式。博风的高度从脊尖向前后檐口逐渐减底，呈人字形，这种形式往往屋面内部空间为双层。博风两端有的长至檐口，有的缩进，或一端长至檐口，一端缩进，不拘于一定形制，表现了民居处理手法自由灵活（图5-103）。山墙两端的垛头做法同门一节中墙门两旁垛头的形式。

图5-103 博风形式图

图5-102 包檐墙图

山墙高出屋顶，并随着屋顶高低砌成中间高两边檐口低的数段屏风形式，有对称的三山屏风墙和五山屏风墙，也有随房屋前后檐高低的不同采用不对称形式，房屋外形高低错落。自檐口起随着屋面呈曲线升高的山墙形式称观音兜，如仅在金桁处山墙升起为半观音兜。屏风墙和观音兜俗称封火山墙，不但起着防火的作用，也装饰山墙，丰富了房屋的外形，富有地方特色（图 5-104 ~ 图 5-107）。

图 5-105 屏风墙图

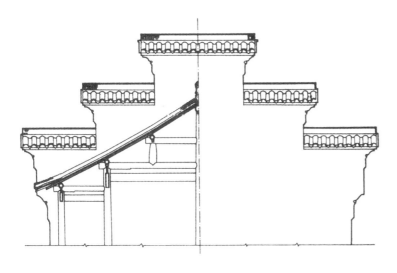

图 5-104 五山屏风墙图

图 5-106 屏风墙图

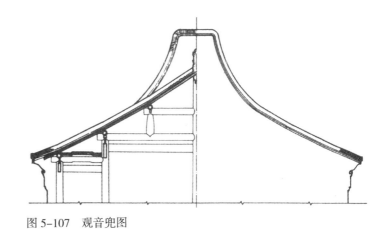

图 5-107 观音兜图

在房屋的山墙上挑砌2～3皮砖，上铺小青瓦，也是装饰墙面的一种形式。如网师园住宅的大厅和花厅的西侧山墙面临花园，体形庞大单调，现将两厅间的院墙的墙脊延伸到前后两厅的山墙上，就把两座房屋有机地组成为整体，并将山墙分成上小下大的两部分，显得有变化。更具匠心的是山墙上点缀了假花窗，打破了大片白墙面的单调感（图5-108）。

为加强墙体的稳定性，山墙和檐墙有收水的做法，即外墙面高1丈，须向内倾斜1寸，界墙和围墙须两面收水。高大的山墙用固定在柱梁上的铁栓、蚂蟥攀穿过墙体攀贴在外墙上，把柱梁和墙体连接在一起（图5-109）。内外墙都用纸筋石灰粉面，大型住宅山墙内墙面常用方砖贴面，庄重雅致（图5-110）。

规模较大的住宅在每进房屋后墙中轴线上建门楼或墙门（屋顶高出两旁墙脊的为门楼，屋顶低于两旁墙脊的为墙门），其中以大厅前的门楼形制最高级、装饰华丽，大厅后的门楼较简洁。门楼或墙门大体可分为上、中、下三部分，下部：门洞两旁凸出墙面的砖墩称垛头，下为勒脚，较小的门楼和墙门无砖墩，两旁为方砖贴面呈细柱形的流柱，有的上下呈纹头形，变化较多。砖墩或流柱内侧墙面呈八字形，其角度大小随砖墩或墙的厚度而定，门扇用两扇，每扇宽约70～80厘米，用厚约5厘米的木板拼接，常用扁铁呈十字形加固。门扇向外的一面贴方砖，每块方砖在四角用铜钉固定，这种做法在门关闭时能起到防火的作用，门扇打开时具有装饰性。无砖墩的门关闭时用直撑，有砖墩的门关闭时用横闩，它利用两旁砖墩内预留的深洞移动横闩，构造巧妙。中部：门洞上为下枋、中枋和上枋，枋之间有半圆形线脚的浑面和缩进的束腰细作过渡处理，中枋比上枋和下枋高，是题字和重点雕饰处。上枋两端有吊柱称荷花柱，柱头多为花篮形。上枋上为定盘枋，其上有斗栱承托屋面的称牌科门楼，斗栱多为一斗三升式，一斗六升式较少。无斗栱的称三飞砖门楼或墙门。上部：屋顶多为硬山顶，两侧有砖博风，较大的门楼多为哺鸡脊，一般为纹头脊，檐下出檐橼和飞橼呈水平挑出状。门楼形式的

图5-108 网师园住宅山墙图

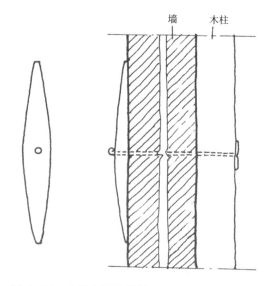

图5-109 木柱和墙连接图

图 5-110 山墙内墙方砖贴面图

图 5-111 网师园住宅门楼图

简繁主要区别在中部构件的雕饰处理上。一般住宅门楼的下枋和上枋四边起线，两端作云头等花纹，中枋四周镶边起线，两端为近方形的兜肚，中间凸起作回纹或云纹等雕饰，中枋中段四周镶雕花纹，正中部位题字，这种处理显得简练。有些门楼几乎在枋上满布雕饰，有花卉、山水、人物等多种题材，中枋的兜肚常用立雕式的戏文故事，这是将整块大方砖层层雕空，突出人物等形象，有很强的立体感。下枋上束腰处装设下悬吊柱和挂落的阳台，构件形制比例精确，雕镂细巧，表现了极高的工艺水平，门楼显得端庄华丽，成为住宅内装饰的重点（图5-111～图 5-115）。

所用砖料砖质细密、表面平整、色泽光亮，但因砖料较粗糙，须用特制砖刨将砖料刨平后再雕刻，并用砂石磨光，空隙处用油灰或油灰加砖粉填补，反覆磨光直至砖料光亮平整。大型砖块在上端背后开榫口用木片镶接夹砌于墙内，小型构件开榫头镶接，构造精巧（图5-116）。

图 5-113 方砖贴面门扇图

图 5-112　网师园住宅门楼详部图

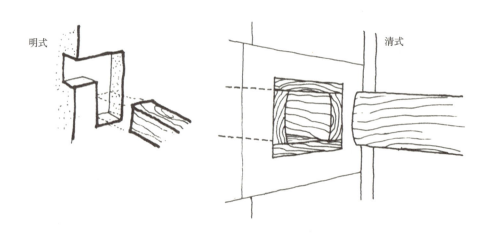

图 5-114　门闩构造图

明清两代的门楼相比较，前者较浑厚，后者较秀丽。

由于墙体不是承重的结构部分，只起分隔房屋内外空间的作用，所以可根据墙体的不同部位和房主的经济条件选用相应的砌法。墙体砌法大体有实滚、空斗和花滚三种形式。实滚是用砖扁砌，墙体内无空隙，或用砖扁砌和砖丁头侧砌相间，墙体内空隙较小，须填塞灰泥，这种形式用于平房的勒脚和楼房的低层。空斗是用砖纵横相间砌筑，或加扁砌砖，墙体中形成规则的空心体，内填灰砂和碎砖。空斗墙有单丁、双丁、三丁、大镶思、小镶思、大合欢、小合欢等多种砌法。小合欢和小镶思为半砖墙，用在隔墙和简易房屋上。空斗墙有着节省造价和隔声隔热的作用。

图 5-115　砖门楼图

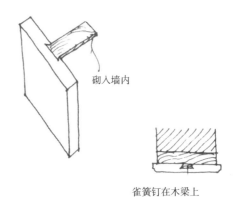

图 5-116　砖榫构造图

第五章　苏州民居构造　131

花滚是实滚和空斗相间砌筑，空隙较多，内填灰砂和碎砖（图 5-117）。

街巷转角墙体为耐碰撞，墙角甲石条立砌，高低不一。石条多为圆角，也有墙角砌成圆角或缺角，上下层形成天方地圆的形式（图 5-118）。

苏州地区砖的规格较多，但民居多用大小适中的砖料：长 8.2 寸、宽 4.1 寸、厚 8 分；长 8 寸、宽 4 寸、厚 8 分，较小的砖为长 7 寸、宽 3.5 寸、厚 7 分。砖料长宽比均为 2∶1，便于砌筑拼接，砖料厚度较小，砌筑拼接时可用灰砂厚度调整。

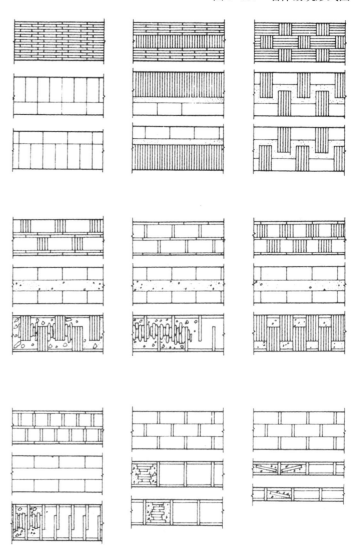

图 5-117 墙体砌筑形式图

十一、彩画

苏州民居用彩画的不多，只有少数民居在厅堂和祠堂的梁架上作彩画，东山民居也有在楼房的上层梁架上作彩画。由于苏州地区多雨，空气中湿度大，而彩画原料主要是粉质，易受潮破损，所以外檐一般不作彩画。

苏州民居彩画的图案、色彩和工艺手法都有着和北方彩画不同的特点。苏州民居现存的彩画是江南明式彩画的一个流派，它以包袱锦为主要表现形式，这既是继承了汉代宫殿府第在木梁架上悬挂和包裹绫锦的传统，也和江南地区盛产丝绸锦缎有着重要的关系。

一般只在桁条、梁、枋上有彩画，每个构件也不满布彩画，多根据构件的不同长度布置图案。在构件两端的部位称箍头，在构件中部的称枋心包袱，它占构件总长的1/2～1/3，是重点装饰部位。而北方彩画的枋心占构件长度的1/2，箍头和找头为重点装饰部位。内四界的大梁枋心常用复合形包袱锦形式，即梁面上看上去有两层包袱锦，或菱形相叠，或菱形和矩形相叠。大梁的菱形包袱锦多为尖角向上呈往上裹住梁的形式，而山界梁的枋心包袱锦多为尖角向下呈往下搭住的形式，上下呼应形成有机的整体。箍头面积较小，常同梁的轮廓和花纹相结合，形式自由灵活，衬托了枋心包袱锦。桁条的箍头图案较长，也多为包袱锦形式，但不和枋心彩画相连（图5-119、图5-120）。

彩画图案有下列数种花纹：一、几何形花纹。有的全为几何形花纹，有的是几何形花纹和团花、万字，钱币组合，有的是几何形花纹和团花、写生花卉相结合，有的以花卉为中心，四周为几何形花纹构成四方连续图案。常见的为"簇方球纹"、"四出"、"方环"、"方出"、"龟文"、"四方锦"、"金锭"、"八角锦"等花纹。二、植物纹。有缠枝花、折枝花、朵头和花瓣数种形式，常将象征吉祥的莲花、菊花、梅花、桃、石榴等作为彩画题材，其中以莲花及其各式变体用得最多。三、动物纹。主要是龙和凤，作为一种吉祥的象征。

彩画的色彩一般为暖色调，常用红、褐、黄、黑、白等颜色，不多采用原色，显得明亮素雅。

图5-119　大梁和山界梁彩画图

本章部分内容及插图引自《营造法源》（姚承祖原著，张至刚增编。中国建筑工业出版社一九八六年八月第二版）；部分插图由王伟强、巫剑雄绘制。

图 5-120 桁条彩画图

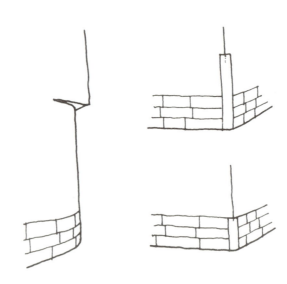

图 5-118 外墙转角形式图

第六章
苏州民居家具

苏州民居，除了建筑物本身造型艺术丰富多彩外，还表现在与宅相配套的室内家具陈设上，而室内家具陈设包括小件案头清供，如几、案、椅、凳、灯、屏、座、架等，无论是体形、色彩，还是制作、装饰，又从另一方面反映了苏州民居较高的文化艺术和强烈的地方色彩。

一、苏州民居家具的形成与建筑风格的统一

地处长江中下游的苏州，历史上是一个交通便利、商业发达的地方，特别在明清时期，社会生产力高度发展，生产关系和经济结构已发展成一种新的历史形态，人们在对外经济交往中不断受到新的思想、内容的冲击，从而对原有生活方式提出变革要求。于是在这种社会意识的驱使下，当时大批官僚地主、名人富家便争相建造各种各样的民居建筑和私家庭园。这些民居建筑和私家庭园，以建筑为主体，对居住功能加以扩充发展，并配置大量的家具陈设充实其间。因此，随着大规模民居建筑的兴建，苏州民居家具也同时得以产生并很快地发展到它的顶峰。

苏州民居家具向来深受人们喜爱，除了做工精细、功能完善外，更重要的是它的结构造型简明雅洁，色调和谐，在主体建筑的环境中极其相称。古时人们在制作家具时，往往先对主体建筑进行研究，即根据不同性质的建筑物的开间、大小、进深以及不同的使用要求，而特别设计制作家具。因此，所谓的苏州民居家具，是在继承宋、元家具的工艺传统和传统建筑的制作工艺之上，由文人画家参与设计和木工高超技艺相结合而产生的，它具有简、线、精、雅的特定风格，是苏州民居极其重要的组成部分，是体现苏州民居庄重典雅、内涵深刻的地方风格的一个主要所在。

苏州民居建筑的室内家具陈设与建筑风格的统一。

（一）正厅内的家具陈设

正厅，亦称主厅，在苏州民居建筑中最为重要，是主人用作迎宾接客、宴请议事的主要活动场所。正厅坐落在民居建筑群的中轴线上，前有门厅轿厅，后有内厅及各式住房，在左右两旁则为各类客厅、书房等。正厅建筑结构高大，形体规整，而且装修浩繁，是充分体现住家社会经济地位的一个重要建筑。同样正厅内的家具陈设也是围绕这个主题而设置制作的。如正面当首的天然几，长达七八尺，宽有尺余，高更有三尺多，比常用的方桌高出五六寸，而且它结构舒展平直，两端飞足起翘，气势高昂，体态庞大（后详述）。在天然几前，一般有板结的供桌或方桌，左右两旁各设太师椅一把，宽窄有序，层次分明。在大厅中间和两边，按照一定的方位朝向，对称布置大量的太师椅和配套的茶几、方桌、半桌等，格局清晰，布置整齐，再通过室内其他陈设如堂匾、陈画、吊灯等的渲染和烘托，整个大厅显得庄重热烈，严肃宁静，充分体现大家庭的封建礼仪，与所处正厅建筑风格形成统一。苏州民居中正厅有称谓"洪寿堂"、"万卷堂"等（图6-1、图6-2）。

图6-2 正厅内景

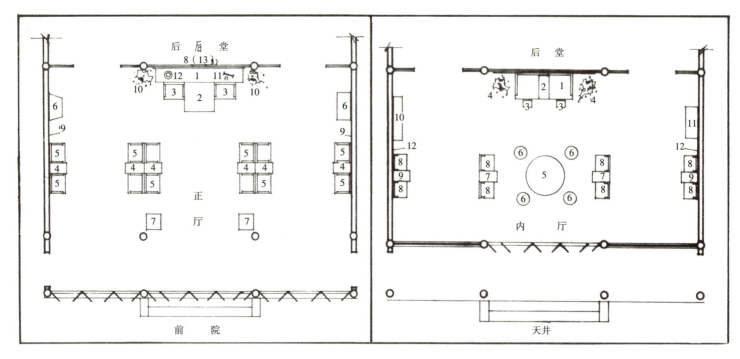

图 6-1　正厅家具布置图

1 天然几	2 供桌或方桌	9 书画或挂屏	10 花几和盆栽
3 太师椅	4 茶几	11 装饰屏	12 古瓷瓶
5 太师椅	6 半桌或梯形桌	13 堂匾	
7 凳	8 陈画和对词		

图 6-3　内厅家具布置图

1 榻	2 凭玉几	7 茶几	8 椅子
3 搁脚凳	4 花几和盆栽	9 茶几或桌子	10 花架或物品架
5 圆桌	6 圆凳	11 琴桌	12 书画或挂屏

（二）内厅的家具陈设

内厅，苏州民居的主要建筑之一，一般为二层建筑。上层是主人、小姐的卧房，底层才是内厅。内厅常作为主人接待亲友和处理日常家务琐事的地方，它的室内家具陈设体现的思想意境是以反映日常生活的情趣和真情实感。苏州民居中，一般在内厅的正面中央处设置精巧华贵的榻，这种榻以坐为主，兼可睡卧。而在榻的前方左右两侧放置桌子，几案，有时也摆有花架或物品陈列架。在内厅的中心位置上，民居中常有安放一堂圆桌圆凳，边上是对称的椅子和茶几。这些椅子都为线条简洁、形体清秀的花背椅、屏背椅，而圆桌圆凳则以仿制各种造型为多，有海棠式、梅花式、束腰形等。因此，通过四周墙面上书画、挂屏的渲染，在花灯的照明下，整个内厅勃发出生动活泼、充满生机活力的环境气氛（图 6-4、图 6-5）。

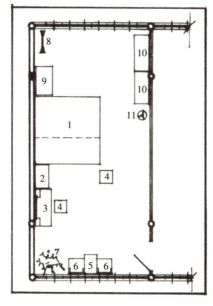

图 6-5　卧房家具布置图

1 大床	2 床头壁桌
3 梳妆桌	4 方几
5 茶几	6 椅子
7 花几和盆栽	8 镜屏
9 箱	10 衣柜（橱）
11 衣架	

图 6-4 内厅内景

图 6-7 S形靠背椅

图 6-6 卧房内景

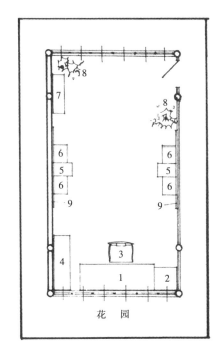

图 6-8 书房画斋家具布置例一
1 写字桌或画桌　　2 小方桌
3 扶手椅　　　　　4 书橱
5 茶几　　　　　　6 椅子
7 物品陈列架　　　8 花几和盆栽
9 书画或挂屏

第六章　苏州民居家具　139

（三）卧房的家具布置

苏州民居卧房的家具布置，一般在中间设锦绣幔子围帐的炕床，上有雕刻、绘画和各种装饰置品，既精致实用，又富丽华贵，是家庭世代相传的纪念物。在炕床的前面布置有床头柜、梳妆桌、坐具之类，在炕床的后面则有各种箱柜、衣橱等。清代名人文震亨在《长物志》一书中，对卧房的家具布置就有这样的记载："面南设卧榻一（即大床），榻后别留半室，人所不至，以置薰笼、衣架、盥匜、箱奁、书灯之属。榻前仅置一小几，不设一物，小方杌二，小橱一，以置香药、玩器。室中精洁雅素，一涉绚丽，便如闺阁中，非幽人眠云梦月所宜矣"。可见，苏州民居卧房内的家具陈设，既满足卧房这一使用要求，同时从另一方面反映出苏州民居传统的封建意识和社会生活方式（图6-5、图6-6）。

（四）书房画斋的家具陈设

苏州，历史上文人荟萃，名家辈出，他们通文晓史，能书善画。因此对民居内书房画斋的建筑和环境布置要求特别高，一般都把书房画斋选址在清净、雅洁，面向花园或内园的地方，而对其间的家具制作及布置更作精心设计。如常见的S形靠背椅，除了坐靠时能充分获得舒适的感觉外，还由于它整体的线条流畅润滑以及S形的曲线靠背和座面上采用弹性的藤编工艺，使得它的外形样式简雅明快，比例尺度和谐适中，从而较能勾起人们对意念的联想（图6-7）。再有其他的家具，不论是转角、凸面，还是腿脚、立柱等构件部位，都做成圆形或椭圆形，很少是用方料形式的，究其原委，可能也是为了追求诗人画家的心理情趣。苏州民居中，还经常能看到在书房画斋的室内墙面上悬挂一定数量的陈书古画、雕屏挂板，以充分突出书房画斋特定的气氛，为主人吟诗作画、谈古论今创造了理想的环境（图6-8～图6-10）。

图6-10 书房画斋内景

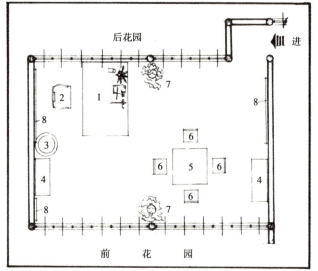

图6-9 书房画斋家具布置例二
1 写字桌　　2 扶手椅
3 画缸　　　4 书橱
5 方桌　　　6 文椅
7 花几和盆栽　8 书画或挂屏

（五）其他

苏州民居中还有像客厅、花厅、四面厅、隔厢房等建筑，其性质、规模、样式、装修各具特色，而室内家具陈设则因地制宜，自成格式，根据环境的不同，通过一几一榻不同设置，来反映不同的风姿，从而与所处建筑及环境互相统一，达到一致（图6-11、图6-12）。

二、苏州民居家具的基本种类

苏州民居家具品种较多，种类齐全，并按照建筑物不同的性质和要求，划分出各类性质的家具。苏州民居家具大致有如下基本种类：

（一）椅

椅是一种在坐靠时能充分获得舒适感觉的起坐工具。在苏州民居家具中，椅的数量最多，种类也全，并根据不同的使用要求制作成不同形式的椅子。椅有圈椅、文椅、挂椅、双椅、高背椅、低背椅、花背椅、屏背椅、玫瑰椅、官帽椅、扶手椅及各类太师椅。其中太师椅以其独到的特点，鲜明的个性和众多的式样，在古时广为应用，影响极大，它集中体现出清代家具体态厚重、雕制精细的风格和个性（图6-13、图6-14）。

图6-11 客厅内景

图6-12 四面厅内景

A

B

C

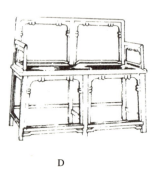
D

E

F

G

图6-13 椅

A 圆椅　　　　B 文椅
C 榉木挂椅　　D 玫瑰双椅
E 高背椅　　　F 低背椅
G 花背椅　　　H 屏背椅
I 矮背椅　　　J 文椅

H

I

J

图 6-14　太师椅

（二）桌

桌主要为书写、展玩、供物及陈设等日常生活之用，它是仅次于椅的一种广为应用的民居家具。苏州民居家具中各种外形的桌子有：方桌、圆桌、条桌、半桌、长方桌、半圆桌、梯形桌、多边形桌等；而它们的使用功能可分为书桌、琴桌、供桌、炕桌、壁桌和梳妆桌、写字桌、高低桌、四仙桌、八仙桌等。所谓"四仙桌"，即每边坐一人者为"四仙桌"；而每边可坐两人者称"八仙桌"（图6-15）。

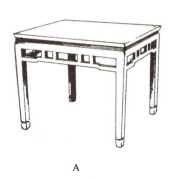

A

B

A

图6-15 桌

A 嵌屏方桌　　　　　　B 圆桌
C 条桌　　　　　　　　D 半桌
E 长方桌　　　　　　　F 半圆桌
G 梯形桌　　　　　　　H 多边形桌
I 书桌　　　　　　　　J 琴桌
K 炕桌　　　　　　　　L 床头壁桌（一层抽斗）
M 床头壁桌（二层抽斗）
N 梳妆桌　　　　　　　O 写字桌
P 高低桌　　　　　　　Q 棋盘桌

B

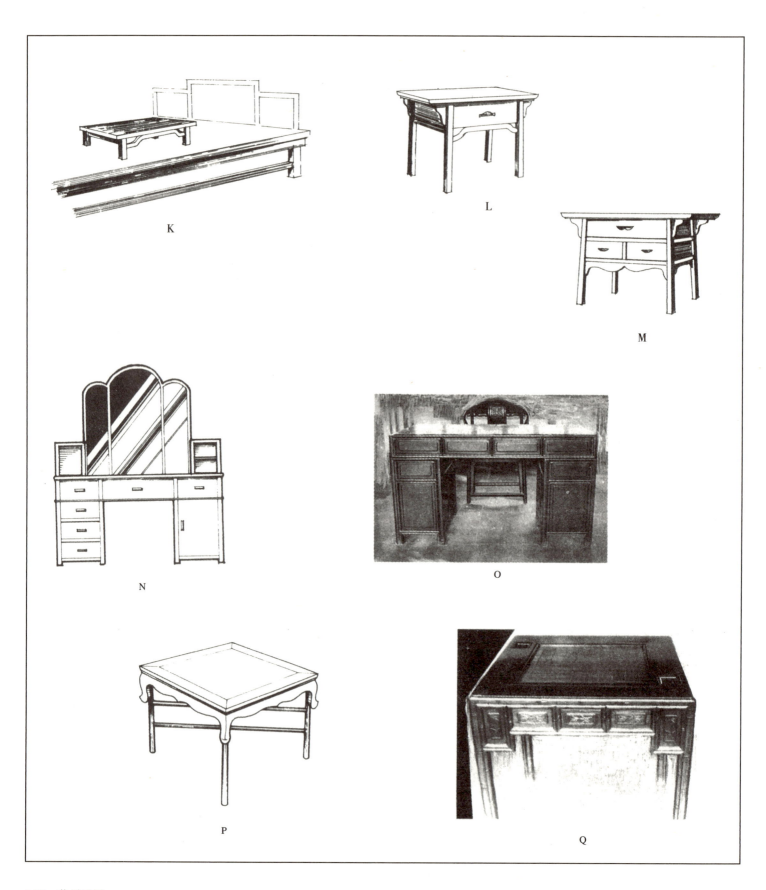

（三）几

在苏州民居中，几是一件不可缺少的家具。不论是庄重的正厅、大堂，还是生活气息浓厚的内厅、居室，或者其他如厢房、便厅、内室等，都可以设置几。几可作为装饰用的家具，也可作为生活用的家具，几可单独设置，又可以和椅子等配套设置。如正厅内的天然几，它既是装饰大厅的不可缺少的家具，同时在它上面可放置像台几、花瓶之类的清供敬物。另外还有像大量置茶具用的茶几、置花瓶用的花几，以用各种长几、台几、凭玉几等（图6-16）。

B

E

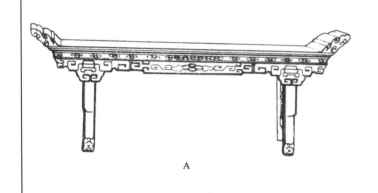

A

C

D

图6-16 几
A 天然几　　B 单层茶几
C 双层茶几　D 嵌屏面茶几
E 高脚花几　F 低脚茶几
G 圆形花几　H 高低茶几
I 长几　　　J 长几
K 台几　　　L 台几
M 凭玉几

F

I

G

J

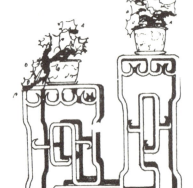

H

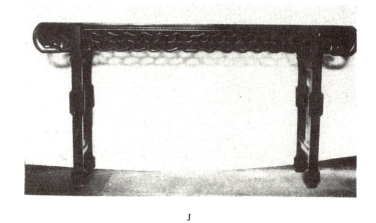

J

148　苏州民居

（四）凳

凳，亦称墩，和椅子一样也是一种垂足而坐的起坐工具，由于它特有的个性，移动方便，使用灵活，制作简便，取材广泛，在苏州民居中经常被应用。凳的形式可分为：方凳、圆墩、雕花墩、长条凳、春凳、束腰凳和搁脚凳。而它的制作材料可为：木凳、石墩、草墩、竹墩、藤墩、陶瓷墩以及木制构架藤编坐面的组合墩等。《长物志》一书中有这样记载："坐墩冬令用蒲草为之，高一尺二寸，四面编束，细密坚实，用木车坐板以柱托顶，外用锦饰；暑月可置藤墩；宫中有绣墩，形如小鼓，四角垂流苏者，亦精雅可用。"（图6-17）

K

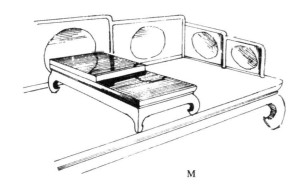

L

M

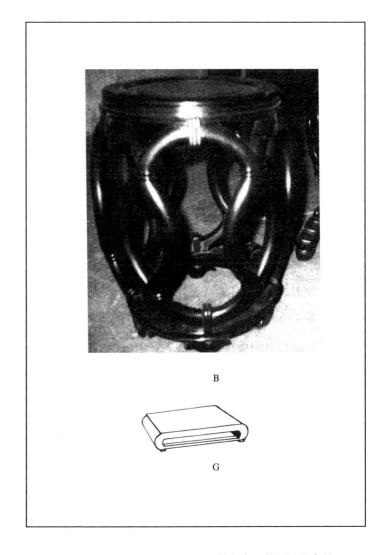

B

G

A
（座面为藤条编结）

C

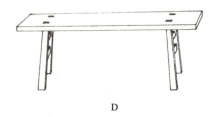

D

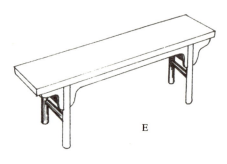

E

F

图 6-17 凳

A 方凳（座面为藤条编结）
B 圆墩　　　　　C 梅花形坐墩
D 长条凳　　　　E 春墩
F 束腰墩　　　　G 搁脚墩

（五）榻

古时，苏州的许多文人名士、豪户富商，由于平时迎宾接客、宴请议事等活动较频繁，为了在接迎间隙中得到较好的休息，特意制作一种既可坐又可躺的家具，这种家具称为榻。"榻以坐为主，兼可睡卧，供人们短时躺卧或午睡、小憩之用……"。苏州民居家具中有湘妃榻、屏待榻、螺蛔榻等（图6-18）。

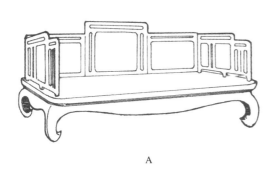

A

B

C

图6-18 榻
A 湘妃榻　　　B 屏背榻
C 屏背榻

(六)屏

屏，或称屏风，它既可用来分隔建筑物的空间，也可作为室内引导环境，美化环境的陈饰品，更有不少屏被用作生活中不能缺少的家具。苏州民居家具中尚有雕漆屏风、书画屏风、镜屏、炕屏、台屏、挂屏，以及装饰屏风和导向屏风等（图6-19）。

E

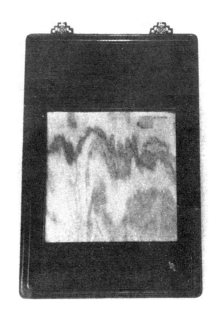

F

G

图 6-19　屏
A 雕漆屏风　　B 书画屏风
C 镜屏　　　　D 台屏
E 台屏　　　　F 挂屏
G 装饰屏

（七）床

苏州民居中，床的种类较多，有板床、竹床以及各种如飘檐、拔步、雕花、回纹等形式的床。其中拔步床，俗称"出一步"大床，它科学地将人们生活中就寝前后的多种需求组合在一起，通过在一个小空间中来完成，合理而又方便。"出一步"大床，分前后两个部分，前半部分有梳妆台、梳妆镜、小坐凳和解手用的便器（即"马桶"）；后半部分才是床。整张床占用的面积较大，约有5.2平方米，床的四周用栅板和幔帐与外界隔开，又安静，又隐蔽，同时在冬天也起到保暖效果（图6-20、图6-21）。

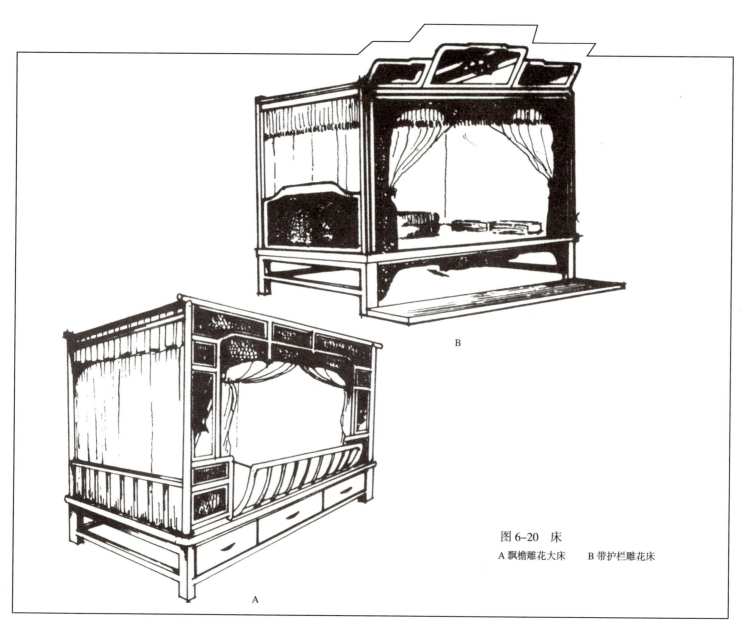

图 6-20 床
A 飘檐雕花大床　　B 带护栏雕花床

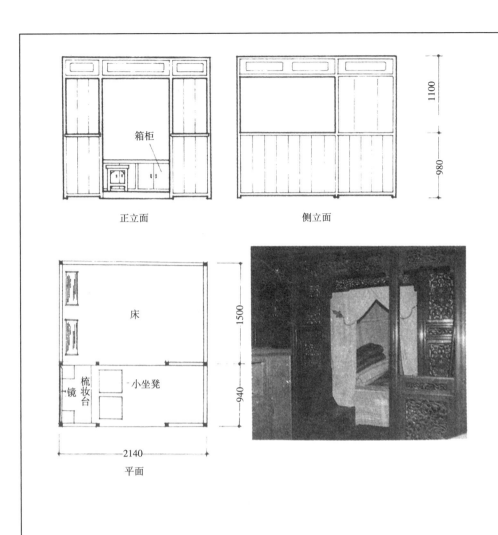

图 6-21 "出一步"大床

第六章 苏州民居家具

（八）其他类

苏州民居家具，除椅、桌、几、凳、榻、屏、床等常见家具外，还有诸如箱、橱、柜、盘、灯、座、架和其他小件样式的家具。如明代的倭箱、衣柜，清代的书橱、吊灯，各种装饰用的底盘、基座、花架和物品陈列架（图6-22）。

A

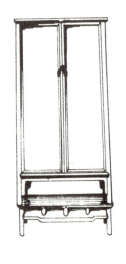

B

C

D

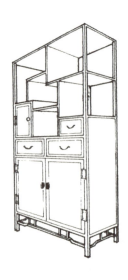

E

F　　　　　　　　　　　　G　　　　　　　　　　　　I

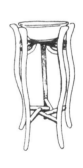

H

图 6-22　其他类家具

A 矮箱（明）　　　B 带垫座的大衣柜（明）
C 带座书橱（明）　D 五斗橱（清）
E 书橱（清）　　　F 吊灯
G 铜罐底座　　　　H 花架
I 有背面盆架　　　 J 无背面盆架

第六章　苏州民居家具　157

三、苏州民居家具的造型艺术

苏州民居家具的造型式样众多，内容丰富，而且含义深刻，耐人寻味。无论是它的整体结构造型，还是各种装饰结构件，都充分体现了苏州民居家具完美的造型艺术，反映了苏州民居家具特有的地方风格。

（一）椅子搭肩的造型

椅子的上部搭肩，俗称"搭脑"，由于它处在椅子的最高部位，位置最为显目，因此，搭肩的处理形式好坏，直接影响着整张椅子所表现出来的造型艺术。苏州民居家具，在吸取我国传统民族文化艺术，通过以"线"的形式来表现搭肩的造型，并制成各种式样的搭肩。民间中有所谓"桥梁式、衣架式、扁担式、马鞍式、书卷式、油盏式、驼峰式、天宫翅式"等（图6-23）。

（二）椅子S形靠背的造型

古时，民间匠师在制作椅子时，通过对人体的生理和心理的细致研究，将椅子靠背的体态线形做成不同的规格和曲率，从而形成各种形式的S形靠背椅。这种椅子既可满足人体坐靠时能获得舒适的功能，同时，通过S形靠背，又给椅子的整体造型艺术，带来和谐和优美，圆方兼有，曲直变化（图6-24）。

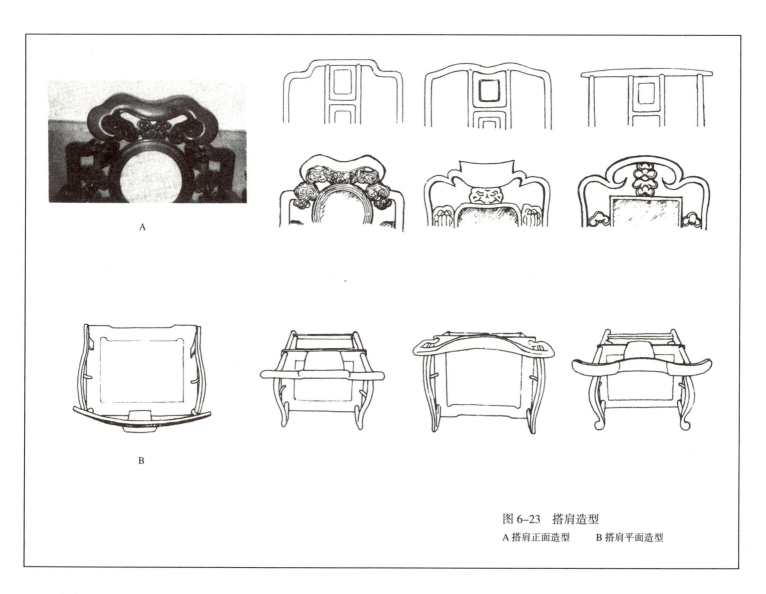

图6-23 搭肩造型
A 搭肩正面造型　　B 搭肩平面造型

(三) 苏州民居家具各种腿脚的造型

苏州民居家具中各种腿脚的造型有：反马蹄、条匙蹄、老虎脚、三弯脚、束腰腿、凹式、凸式、朝式、檐式等，这些腿脚的造型，有直线有曲线，或刚或柔，自然挺拔，简洁而富有情趣（图6-25）。

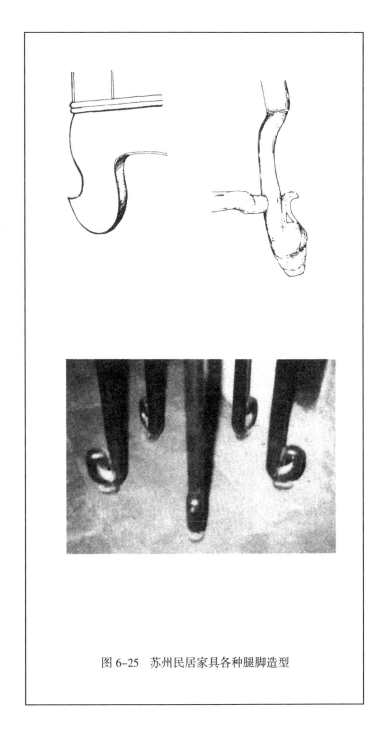

图 6-24 椅子 S 形靠背造型

图 6-25 苏州民居家具各种腿脚造型

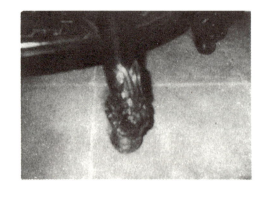

图 6-25 苏州民居家具各种腿脚造型（续）

（四）其他构件的线形造型

苏州民居家具通过线形来表现它的造型艺术还体现在其他的结构部件上。如扶靠的曲线变化、构架横档的弓形造型等（图6-26）。

苏州民居家具不仅以线形来表现它的造型艺术，还通过对线脚的运用突出造型艺术的丰富多彩。所谓"线脚"指改变家具平面或者两面相交而产生的各种线形。苏州民居家具通过运用"线脚"旨在家具的表面，形成高低和变化。

（1）一般家具表面的线脚形式（图6-27）。

（2）面框周边各式"冰盘沿"（图6-28）。

（3）柱脚断面形式（图6-29）。

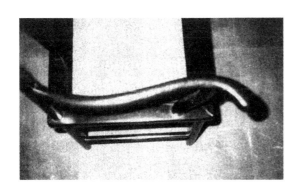
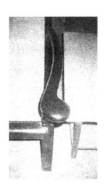

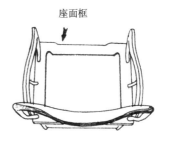

图6-26 家具其他构件的线形造型

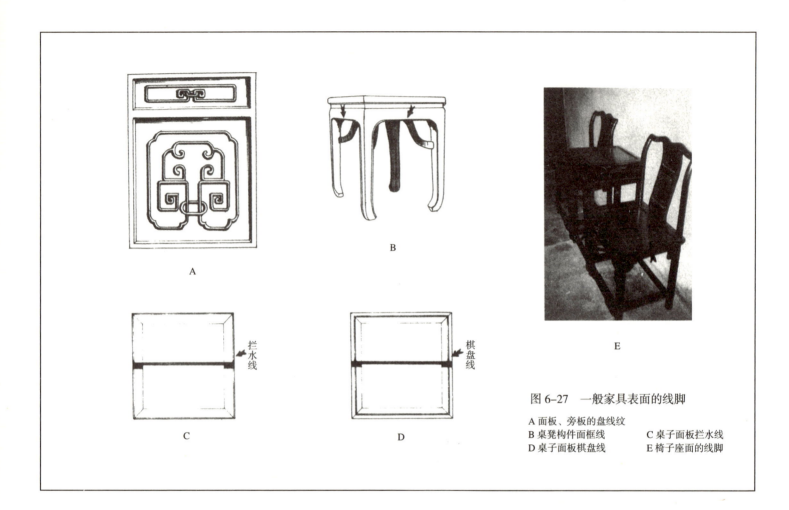

图 6-27 一般家具表面的线脚
A 面板、旁板的盘线纹
B 桌凳构件面框线
C 桌子面板拦水线
D 桌子面板棋盘线
E 椅子座面的线脚

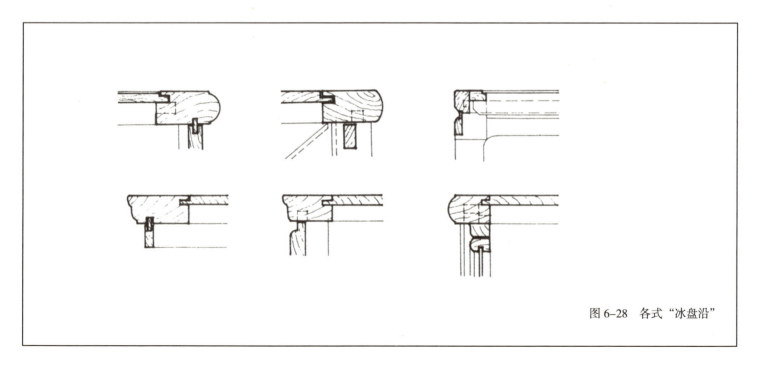

图 6-28 各式"冰盘沿"

A

F

D

G

E

C

B

图 6-30　仿制家具

A 葵花形圆桌　　　B 橱板面多种花卉
C 云纹壁灯罩　　　D 仿竹圆桌圆凳
E 花瓶形基座　　　F 兽形腿脚
G 兽形腿脚

第六章　苏州民居家具　163

苏州民居家具在仿制自然界各种动植物造型方面有它独特的艺术风格，如仿制的花卉、树木、飞禽、走兽等，图案造型情意真切，栩栩如生（图6-30）。

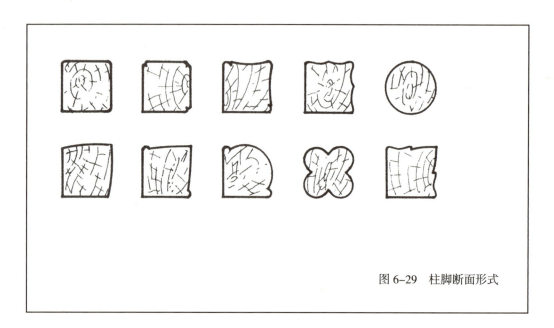

图6-29 柱脚断面形式

苏州民居家具的造型艺术，还体现在它实用价值的科学性上。如椅子的踏脚，最易弄脏，也最易磨损，因此，为了在实际使用中便于经常清洗和更换踏脚，民间匠师一般将椅子踏脚做成上下两层，下层为固定的木档，上层则可拆卸更换，并在材料上采用耐磨的硬木或竹片，这样做，既不破坏椅子的结构造型，同时也为今后的使用方便创造了条件（图6-31）。

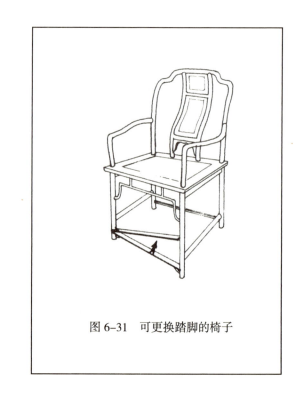

图6-31 可更换踏脚的椅子

四、苏州民居家具的装饰意匠

苏州民居家具的装饰，不是对家具的整体结构横加精雕细作，而是着眼于对家具形体的结构部件的装饰，即通过结构部件如结子花、牙板、牙条、牙角、扶手、花板、插角、支架支撑等的不同形式的变化，达到各种不同的装饰效果，这就是苏州民居家具的装饰意匠。

（一）结子花的装饰

所谓结子花，即连接边抹与横档的结构件称"结子花"。它的结构功能是分上部压力到横档，通过横档将力传至柱脚。结子花实质是一只短柱。苏州民居家具中，结子花的造型较多，有线形造型，也有各种花纹图案（图6-32、图6-33）。

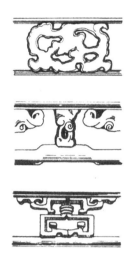

图 6-32 连接边抹与横档的结构件——结子花

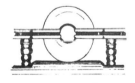

图 6-33 结子花的各种造型

（二）牙板的装饰

牙板是一个既能分担上部压力到柱脚，又能充分加强结构刚度，提高家具承载力的结构部件。牙板的造型装饰见图6-34。

图6-34　各种牙板造型

（三）牙条的装饰

牙条的结构功能和牙板一样，但它是通过做成各种线形，取得家具的装饰效果（图6-35）。

（四）牙角的装饰

牙角的结构功能是能充分提高结构的抗剪能力，并对加强结构的整体刚度起到一定的作用。牙角的造型装饰见图6-36。

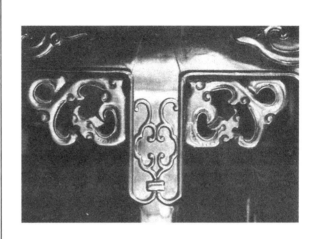

图6-36 牙角的造型

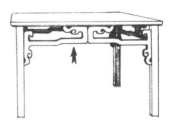

图6-35 各种牙条造型

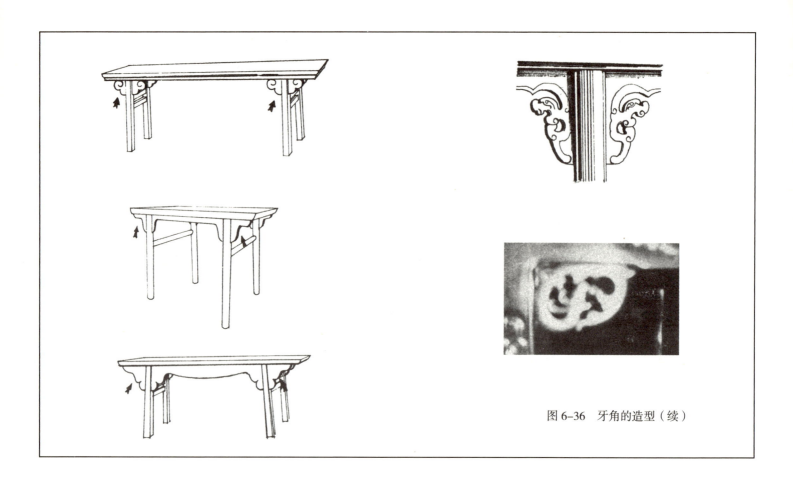

图 6-36 牙角的造型（续）

（五）扶手的装饰

扶手，即扶靠，它既有在人们起坐时可扶靠的使用功能，同时也有可提高家具刚度的结构功能。苏州民居家具中扶手的造型装饰较多，形式各异，图示仅为其中几例（图6-37）。

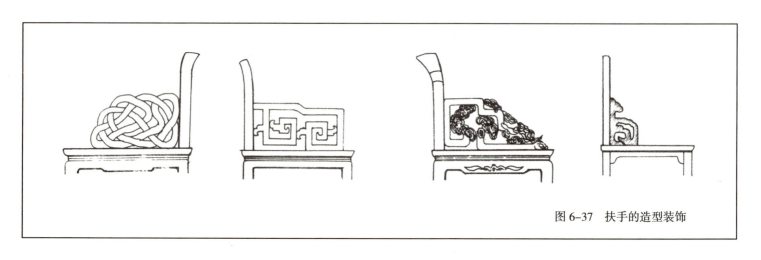

图 6-37 扶手的造型装饰

（六）支架基座的装饰

支架基座在结构上具有分担上部荷载压力，加强家具整体刚度的结构功能。它的造型装饰见图6-38。

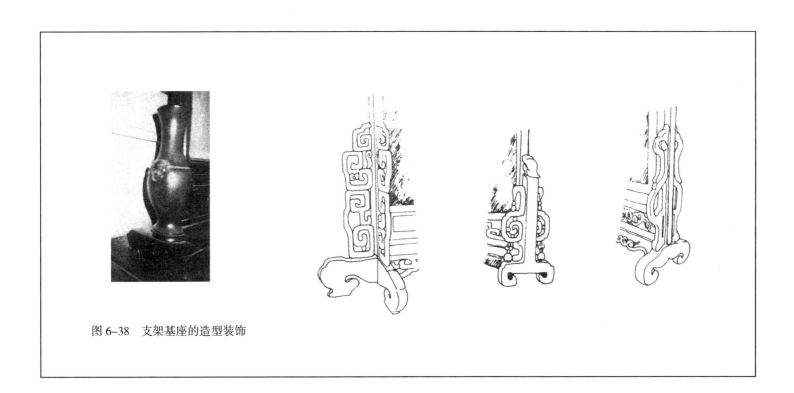

图6-38　支架基座的造型装饰

苏州民居家具在各种结构部件上作装饰，可以避免在家具上添加任何不必要的虚饰，保持了家具形体结构简洁明快的造型形象，同时，通过对这些附属部件的装饰，能起到衬托结构主体部件来塑造形体的作用，使得家具实体的造型显得更加充实和完美。

苏州民居中还有不少家具的面板用高级人理云石镶嵌装饰的。如椅子的坐面、靠背面，各种桌凳、几案的面板以及作为装饰用的挂屏、台屏等（图6-39）。这种大理云石，石质坚硬润滑，石纹清晰流畅，表面颜色雪白如玉，或拨墨成黑，自然成画。苏州民居家具取这种云石作为装饰，旨在通过它表面所体现的山川烟云、风景故事的"泼墨"和"晕染"效果，来激发人们的思想情怀，这在当时的家具制造业是别具匠心的。

A

图6-39　家具的大理云石嵌面装饰

B

C

D

E

G

F

图 6-39　家具的大理云石嵌面装饰（续）

A 桌子台面　　　B 装饰屏面
C 椅背面　　　　D 装饰屏面
E 挂板面　　　　F 挂板面
G 台屏面

五、明清苏州民居家具的基本特点和构造方式

（一）明代家具的基本特点

明代，由于社会生产力的高度发展，生产关系和生活方式也相应地发生了较大的变化，人们对现有的生活内容已不能满足，而在主观思想上都极力主张追求风雅、舒适的享受生活。因此，在这种思想意识作用下，影响着当时的建筑业和相配套的家具业。而明代的苏州民居家具在继承唐、宋以来的工艺传统和风格，通过文人画家参与设计，与木工匠师高超技艺相结合，从而形成特有的简洁、朴素、精雅、实用的风格和个性（图6-40）。

B

A

C

图6-40 明代家具

A 文椅　　B 书桌
C 方凳

简洁就是结构造型简明雅洁，线条清晰，轮廓秀拔。苏州民居家具无论是整体结构，还是各种装饰结构件，都不失以简洁为重，以清秀为主。

朴素是指家具色彩朴素大方。苏州民居家具的外部造型多是利用木材本色，加以精制打磨，极少使用油彩雕漆进行外表粉色，所以，它表现出来的艺术风采与所处古朴、典雅的建筑环境能够得到完美统一。

精雅是指做工精细，结构合理稳定，气韵雅洁。如S形靠背椅子，它的结构清秀，做工细致，尤其是S形的靠背相间其中，直线曲线，浑然一体。

实用是指苏州民居家具设计用材节约合理，省工省料，同时，整体结构安定大方，部件尺度比例协调，使用极为舒适，为我所用。

苏州民居家具对所用木材原料很讲究，都采用黄花梨、杞梓木、香楠木等优质木材。这些木材，本色橙黄油润，花纹细密，色泽优美，而且坚固耐用。因此，古人在制作家具时，极力提倡采用这类木材，认为唯有"以文木如花梨、铁梨、香楠等木"制作的家具，才能成为上品。

（二）清代家具的基本特点

清代是历史上等级制度最为森严、繁复的朝代之一。当清兵统一全国建立清王朝后，为了炫耀统治者的"文治武功"，统治者们网罗了包括汉人在内的天下文人名士为其著书立说，并大肆封官晋爵，修建行宫，敕造府弟，以此来标榜君威皇权的"至高无上"，驱使各地名工巧匠来为其政治奢望服务。由于这种欲望，使得当时的建筑业和相配套的家具业，争相献艺，相互影响，从中都得到相应的发展，形成了清代家具特定的风格和个性。

清代苏州民居家具，它的外表造型优美凝重，线形圆润流畅，体量、装饰及其显露的态势，充分体现官邸、府第、大家庭那富丽堂皇、气势雄伟的环境气氛。同时，清代家具结构复杂多变，制作较为繁琐，所用木料均为紫檀、红木等贵重硬木，质地坚硬、耐磨，色泽深沉凝重，极富高贵的气质（图6-41）。

A

B

图6-41 清代家具
A 天然几、方桌、太师椅等
B 圆凳　　　C 太师椅

C

清代家具除了常见特点外，更值得一提的是它的装饰技艺，它集雕、嵌、描、绘、堆、漆、剔犀、镶金、饰件于一身，花样翻新，雕刻精细，彩绘富丽。工艺精湛高超，置件精巧动人。如用玉石、大理石等天然石料面板镶嵌在家具上作为装饰，便是清代家具的一大特点。

苏州民居家具，在结构上创造性地继承我国古代建筑的传统工艺和传统建筑的制作工艺，形成了自己特有的框架形体结构和榫卯连接的构造方式。

所谓框架形体结构，就是将家具的主要构件，如腿料、柱料、框料、档料等连接成一个基本的架体结构。这种架体结构，既能承受人为给予的一定压力而不致散体，同时又能通过附加一部分其他结构部件，如面板、侧壁、牙角、牙板等，形成一系列式样丰富、功能各异的多种家具——椅、桌、几、箱、柜、床等。因此，苏州民居家具的外形实际上是这种框架形体结构的具体表现，而这种框架形体结构系列又形成了特定的苏州民居家具，形成了苏州民居家具简、线、精、雅的造型艺术和装饰风格。

苏州民居家具还巧妙地运用我国古代建筑中常见的像侧腿、斜撑等一系列的特异结构，使得家具的整体结构更加稳定大方，造型更趋完美，反映我国古代科学的高度进步（图 6-42）。

苏州民居家具各种结构件的连接方式，一般都为"榫卯结构"的构造方式。

如家具中用得最多的横竖材作 90°对角连接，俗称"格肩榫"的构造方式：把出榫料的半面皮子截割成等腰三角尖，而把另一根榫眼料的半面皮子劈出相应的豁口，形成阴阳榫头、榫孔（图 6-43），然后，将榫头插入榫孔连接起来，便形成所要的构件。如此形成的构件既能防止左右歪斜、上下移动，同时又能类似"双夹榫"一样避免前后摇动。另外，在运用"格肩榫"时，可以人为将相交的横竖材做在同一平面上，以利于进行同形起线或加工，制作各种线形和线脚。因此，苏州民居家具通过运用"格肩榫"进行连接的横竖材结构件常被用在椅面、桌面、台面等各种重要部位上，而"格肩榫"的运用也是鉴定一把椅子、一张桌子等是不是苏式家具的一个重要依据。

还有结构中的三料件连接、板与板连接、板与料连接、料与料成各种形式的连接等，苏州民居家具均采用"榫卯结构"的构造方式，有所谓：燕尾榫、马牙榫、齐肩榫、窜肩榫、双夹榫、活络榫、夹皮榫、平头榫、多头榫以及单榫、双榫、密榫、双肩倒扎榫等。（图 6-44）这些"榫卯结构"，形式有明有暗，或全或半，互相独立，互相联系，并在结构应用中互为并用，相得益彰。苏州民居家具通过运用这些"榫卯结构"的连接方式，从而产生了特定的装饰风格和鲜明的地方色彩，形成了苏州民居家具特有的制作方式——"苏做"。

A
B

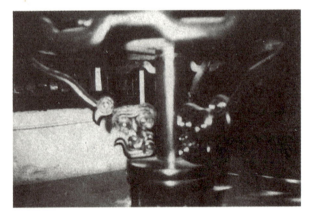

C
D

图 6-42　家具中的特异结构
A 书桌侧腿　　B 衣柜侧腿
C 桌面斜撑　　D 柱脚间支撑固定结构

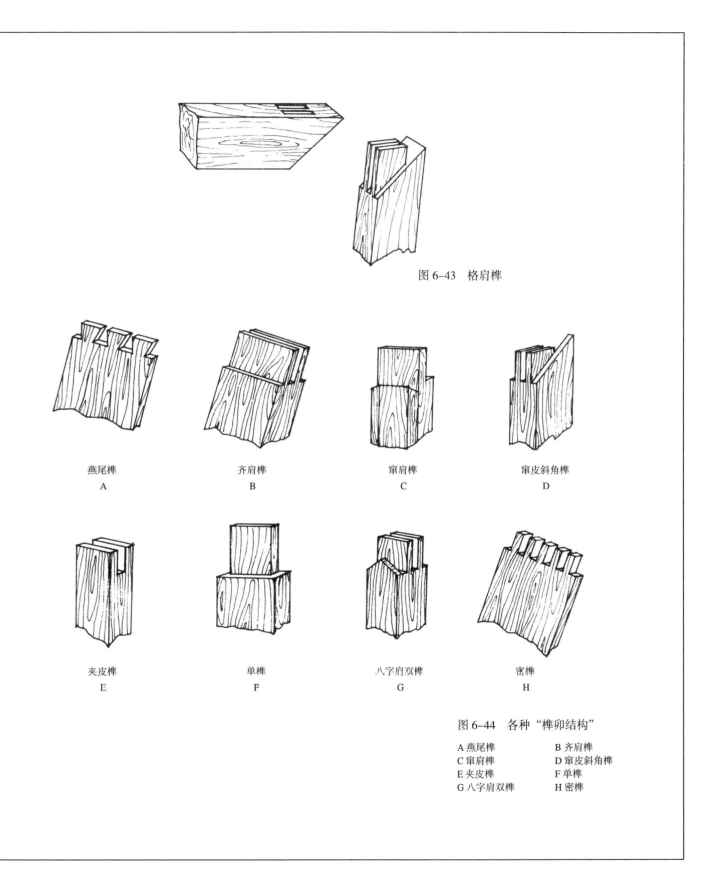

图 6-43 格肩榫

图 6-44 各种"榫卯结构"

A 燕尾榫　　B 齐肩榫
C 窄肩榫　　D 窄皮斜角榫
E 夹皮榫　　F 单榫
G 八字肩双榫　H 密榫

编后语

中国民居建筑历史传统悠久，在漫长的发展过程中，受地域、气候、环境、经济的发展和生活的变化等因素的影响，形成了各具风格的村镇布局和民居类型，并积累了丰富的修建经验和设计手法。

中华人民共和国成立后，我国建筑专家将历史建筑研究的着眼点从"官式"建筑转向民居的调查研究，开始在各地开启民居调查工作，并对民居的优秀、典型的实例和处理手法做了细致的观察和记录。在20世纪80年代~90年代，我社将中国民居专家聚拢在一起，由我社杨谷生副总编负责策划组织工作，各地民居专家对比较具有代表性的十个地区民居进行详尽的考察、记录和整理，经过前期资料的积累和后期的增加、补充，出版了我国第一套民居系列图书。其内容详实、测绘精细，从村镇布局、建筑与地形的结合、平面与空间的处理、体型面貌、建筑构架、装饰及细部、民居实例等不同的层面进行详尽整理，从民居营建技术的角度系统而专业地呈现了中国民居的显著特点，成为我国首批出版的传统民居调研成果。丛书从组织策划到封面设计、书籍装帧、插画设计、封面题字等均为出版和建筑领域的专家，是大家智慧之集成。该套书一经出版便得到了建筑领域的高度认可，并在当时获得了全国优秀科技图书一等奖。

此套民居图书的首次出版，可以说影响了一代人，其作者均来自各地建筑设计研究机构，他们不但是民居建筑研究专家，也是画家、艺术家。他们具备厚重的建筑专业知识和扎实的绘图功底，是新中国第一代民居专家，并在此后培养了无数新生力量，为中国民居的研究领域做出了重大的贡献。当时的作者较多已经成为当今民居领域的研究专家，如傅熹年、陆元鼎、孙大章、陆琦等都参与了该套书的调研和编写工作。

我国改革开放以来，我国的城市化建设发生了重大的飞跃，尤其是进入21世纪，城市化的快速发展波及祖国各地。为了追随快速发展的现代化建设，同时也随着广大人民生活水平的提高，群众迫切地需要改善居住条件，较多的传统民居建筑已经在现代化的普及中逐渐消亡。取而代之的是四处林立的冰冷的混凝土建筑。祖国千百年来的民居营建技艺也随着建筑的消亡而逐渐失传。较多的专家都感悟到：由于保护的不善、人们的不重视和过度的追求现代化等原因，很多的传统民居实体已不存在，或者只留下了残破的墙体或者地基，同时对于传统民居类型的确定和梳理也产生了较大的困难。

适逢国家对中国历史遗存建筑的保护和重视，结合近几年国家下发的各种规划性政策文件，尤其是在"十九大"报告和国家颁布的各种政策中，均强调要实施乡村振兴战略，实施中华优秀传统文化发展工程。由此，我们清楚地认识到，中国传统建筑文化在当今的建筑可持续发展中具有十分重要的作用，它的传承和发展是一项长期且可持续的工程。作为出版传媒单位，我们有必要将中国优秀的建筑文化传承下去。尤其在当下，乡村复兴逐渐成为乡村振兴战略的一部分，如何避免千篇一律的城市化发展，如何建设符合当地生态系统，尊重自然、人文、社会环境的民居建筑，不但是建筑师需要考虑的问题，也是我们建筑文化传播者需要去挖掘、传播的首要事情。

因此，我社计划将这套已属绝版的图书进行重新整理出版，使整套民居建筑专家的第一手民居测绘资料，以一种新的面貌呈现在读者面前。某些省份由于在发展的过程中区位发生了变化，故再版图书中将其中的地区图做了部分调整和精减。本套书的重新整理出版，再现了第一代民居研究专家的精细测绘和分析图纸。面对早期民居资料遗存较少的问题，为中国民居研究领域贡献了更多的参考。重新开启封存已久的首批民居研究资料，相信其定会再度掀起专业建筑测绘热潮。

传播传统建筑文化，传承传统建筑建造技艺，将无形化为有形，传统将会持续而久远地流传。

中国建筑工业出版社
2017 年 12 月

图书在版编目（CIP）数据

苏州民居 / 徐民苏等编. — 北京：中国建筑工业出版社，2017.10
（中国传统民居系列图册）
ISBN 978-7-112-21030-5

Ⅰ.①苏⋯ Ⅱ.①徐⋯ Ⅲ.①民居—建筑艺术—苏州—图集 Ⅳ.① TU241.5-64

中国版本图书馆CIP数据核字（2017）第173948号

责任编辑：张 华 唐 旭 孙 硕 李东禧
封面设计：王 显
封面题字：冯彝铮
技术设计：马江燕
责任校对：王宇枢 姜小莲

　　苏州是我国南方著名的水乡。当地民居沿街旁水独具特色。本书从分析苏州民居产生与发展的背景入手。论述了城区与村镇民居的分布。民居与路、河、桥的关系。民居的总体布局、建筑处理、结构构造以及室内家具的类型、构造和艺术造型。本书可供建筑工作者、建筑院校师生及文化、历史、艺术工作者阅读。

中国传统民居系列图册
苏州民居
徐民苏　詹永伟　梁支厦　任华堃　邵　庆　编
＊
中国建筑工业出版社出版、发行（北京海淀三里河路9号）
各地新华书店、建筑书店经销
北京京点图文设计有限公司制版
北京中科印刷有限公司印刷
＊
开本：787×1092毫米 1/12 印张：15⅓ 插页：1 字数：276千字
2018年1月第一版 2018年1月第一次印刷
定价：60.00元
ISBN 978-7-112-21030-5
（30639）

版权所有　翻印必究
如有印装质量问题，可寄本社退换
（邮政编码 100037）